广联达 计量计价实训系列教程
GUANGLIANDA JILIANG JIJIA SHIXUN XILIE JIAOCHENG

建筑工程计量与计价实训教程（湖南版）

JIANZHU GONGCHENG JILIANG YU JIJIA
SHIXUN JIAOCHENG

主　编
魏丽梅　湖南交通职业技术学院
王全杰　广联达软件股份有限公司
副主编
朱溢镕　广联达软件股份有限公司
玉小冰　湖南工程职业技术学院
周正华　湖南工业大学
参　编
李延超　湖南城建职业技术学院
颜红艳　湖南财政经济学院
易红霞　湖南交通职业技术学院
曾　丹　湖南交通职业技术学院
刘剑勇　湖南工程职业技术学院
任　义　长沙高新工程技术学校
主　审
佘　勇　湖南有色金属职业技术学院

U0271209

重庆大学出版社

内容提要

　　本书分建筑工程计量和建筑工程计价两篇。上篇建筑工程计量详细介绍了如何识图，如何从清单与定额的角度进行分析，确定算什么、如何算的问题；然后讲解了如何应用广联达土建算量软件完成工程量的计算。下篇主要介绍了在采用广联达造价系列软件完成土建工程量计算与钢筋工程量计算后，如何完成工程量清单计价的全过程，并提供了报表实例。

　　通过本书的学习，可以让学生掌握正确的算量流程和组价流程，掌握软件的应用方法，能够独立完成工程量计算和清单计价。

　　本书可作为高校工程造价专业的实训教材，也可作为建筑工程技术、工程管理等专业的教学参考用书以及岗位技能培训教材或自学用书。

图书在版编目（CIP）数据

建筑工程计量与计价实训教程：湖南版/魏丽梅，
王全杰主编.—重庆：重庆大学出版社，2015.8（2019.2 重印）
广联达计量计价实训系列教程
ISBN 978-7-5624-9265-8

Ⅰ.①建…　Ⅱ.①魏…②王…　Ⅲ.①建筑工程—计
量—教材②建筑造价—教材　Ⅳ.①TU723.3

中国版本图书馆 CIP 数据核字（2015）第 167199 号

广联达计量计价实训系列教程

建筑工程计量与计价实训教程
（湖南版）

主　编　魏丽梅　王全杰
副主编　朱溢镕　玉小冰　周正华
主　审　佘　勇
策划编辑：林青山　刘颖果

责任编辑：李定群　姜　凤　　版式设计：刘颖果
责任校对：张红梅　　　　　　责任印制：张　策

*

重庆大学出版社出版发行
出版人：易树平
社址：重庆市沙坪坝区大学城西路 21 号
邮编：401331
电话：（023）88617190　88617185（中小学）
传真：（023）88617186　88617166
网址：http://www.cqup.com.cn
邮箱：fxk@cqup.com.cn（营销中心）
全国新华书店经销
重庆升光电力印务有限公司印刷

*

开本：787mm×1092mm　1/16　印张：18.5　字数：439 千
2015 年 8 月第 1 版　　2019 年 2 月第 4 次印刷
印数：9 001—12 000
ISBN 978-7-5624-9265-8　定价：39.00 元

编审委员会

再版说明

近年来,每次与工程造价专业的老师交流时,大家都希望能够有一套广联达造价系列软件的实训教材——帮助老师们切实提高教学效果,让学生真正掌握使用软件编制造价的技能,从而满足企业对工程造价人才的需求,达到"零适应期"的应用教学目标。

围绕工程造价专业学生"零适应期"的应用教学目标,我们对150多家企业进行了深度调研,包括建筑安装施工企业69家、房地产开发企业21家、工程造价咨询企业25家、建设管理单位27家。通过调研,我们分析总结出企业对工程造价人才的四点核心要求:

1. 识读建筑工程图纸能力　　　　　　　　　　　　　90%

2. 编制招投标价格和标书能力　　　　　　　　　　　87%

3. 造价软件运用能力　　　　　　　　　　　　　　　94%

4. 沟通、协作能力强　　　　　　　　　　　　　　　85%

同时,我们还调研了近300家院校,包括本科、高职高专、中职等;从中我们了解到,各院校工程造价实训教学的推行情况,以及对软件实训教学的期待:

1. 进行计量计价手工实训　　　　　　　　　　　　　98%

2. 造价软件实训教学　　　　　　　　　　　　　　　85%

3. 造价软件作为课程教学　　　　　　　　　　　　　93%

4. 采用本地定额与清单进行实训教学　　　　　　　　96%

5. 合适图纸难找　　　　　　　　　　　　　　　　　80%

6. 不经常使用软件,对软件功能掌握不熟练　　　　　36%

7. 软件教学准备时间长、投入大,尤其需要编制答案　73%

8. 学生的学习效果不好评估　　　　　　　　　　　　90%

9. 答疑困难,软件中相互影响因素多　　　　　　　　94%

10. 计量计价课程要理论与实际紧密结合　　　　　　98%

从本次面向企业和学校展开的广泛交流与调研中,我们得出以下结论:

1. 工程造价专业计量计价实训是一门将工程识图、工程结构、计量计价等相关课程的知识、理论、方法与实际工作相结合的应用性课程。

2. 工程造价技能需要实践。在工程造价实际业务的实践中,能够更深入领会所学知识,全面透彻理解知识体系,做到融会贯通,知行合一。

3. 工程造价需要团队协作。随着建筑工程规模的扩大,工程多样性、差异性、复杂性的提高,工期要求越来越紧,工程造价人员需要通过多人协作来完成项目;因此,造价课程的实践需要以团队合作方式进行,在过程中培养学生与人合作的团队精神。

工程计量与计价是造价人员的核心技能,计量计价实训课程是学生从学校走向工作岗位的练兵场,是连接学校与企业的桥梁。

计量计价课程的开发团队需要企业业务专家、学校优秀教师、软件企业金牌讲师三方的精诚协作,共同完成。业务专家以提供实际业务案例、优秀的业务实践流程、工作成果要求为重点;教师以教学方式、章节划分、课时安排为重点;软件讲师则以如何应用软件解决业务问题、软件应用流程、软件功能讲解为重点。

依据计量计价课程本地化的要求,我们组建了由企业、学校、软件公司三方专家构成的地方专家编委员会,确定了课程编制原则:

1. 培养学生工作技能、方法、思路;

2. 采用实际工程案例;

3. 以工作任务为导向,任务驱动的方式;

4. 加强业务联系实际,包括工程识图、从定额与清单两个角度分析算什么、如何算;

5. 以团队协作的方式进行实践,加强讨论与分享环节;

6. 课程应以技能培训的实效作为检验的唯一标准;

7. 课程应方便教师教学,做到好教、易学。

教材中业务分析由各地业务专家及教师编写,软件操作部分由广联达公司讲师编写,课程中,各阶段工程由专家及教师编制完成(广联达公司审核),教学指南、教学 PPT、教学视频由广联达公司组织编写并录制,教学软件需求由企业专家、学校教师共同编制,教学相关软件由广联达软件公司开发。

本教程编制框架分为 7 个部分:

1. 图纸分析,解决识图的问题;

2. 业务分析,从清单、定额两个方面进行分析,解决本工程要算什么以及如何算的问题;

3. 如何应用软件进行计算;

4. 本阶段的实战任务;

5. 工程实战分析;

6. 练习与思考;

7. 知识拓展。

在上述调研分析的基础上,广联达组织编写了第一版 4 本实训教材。教材上市两年多来,销售超过 10 万册,使用反响良好,全国大多高等职业院校采用此实训教程作为工程造价等专业软件操作实训教材。在这两年的时间里,土建实训教程已经实现了 15 个地区本地化。随着 2013 新清单的推广应用,各地新定额的配套实施,广联达教育事业部联合各地高校专业资深教师完成已开发地区本地化教程及课程资料包的更新,教材中按照新清单及地区新定额,结合广联达新土建算量计价软件重新编制了案例模型文件,对教材整体框架进行了调整,使之更能适应高校软件实训课程教学,更能满足高校实训教学的需要。

新版教材、配套资源以及授课模式讲解如下：

一、土建计量计价实训教程

1.《办公大厦建筑工程图》

2.《钢筋工程量计算实训教程》

3.《建筑工程计量与计价实训教程》(分地区版)

二、土建计量计价实训教程资料包

为了方便教师开展教学，与目前新清单、新定额相配套，切实提高实际教学质量，按照新的内容全面更新实训教学配套资源：

教学指南：

4.《钢筋工程量计算实训教学指南》

5.《建筑工程计量与计价实训教学指南》

教学参考：

6.钢筋工程量计算实训授课PPT

7.建筑工程计量与计价实训授课PPT

8.钢筋工程量计算实训教学参考视频

9.建筑工程计量与计价实训教学参考视频

10.钢筋工程量计算实训阶段参考答案

11.建筑工程计量与计价实训阶段参考答案

教学软件：

12.广联达BIM钢筋算量软件　GGJ2013

13.广联达BIM土建算量软件　GCL2013

14.广联达计价软件　GBQ4.0

15.广联达钢筋算量评分软件　GGJPF2013(可以批量地对钢筋工程进行评分)

16.广联达土建算量评分软件　GCLPF2013(可以批量地对土建算量工程进行评分)

17.广联达计价评分软件　GBQPF4.0(可以批量地对计价文件进行评分)

18.广联达钢筋对量软件　GSS2014(可以快速查找学生工程与标准答案之间的区别，找出问题所在)

19.广联达图形对量软件　GST2014

20.广联达计价审核软件　GSH4.0(快速查找两组价文件之间的不同之处)

以上除教材外的4～20项内容由广联达软件股份有限公司以课程的方式提供。

三、教学授课模式

针对之前老师对授课资料包运用不清楚的地方，我们建议老师们采用"团建八步教学法"模式进行教学，充分合理、有效利用我们的授课资料包所有内容，高效完成教学任务，提升课堂教学效果。

何为团建？团建也就是将班级学生按照成绩优劣等情况合理地搭配分成若干个小组，有效地形成若干个团队，形成共同学习、相互帮助的小团队。同时，老师引导各个团队形成不同的班级管理职能小组(学习小组、纪律小组、服务小组、娱乐小组等)。授课时老师组织引导各职能小组发挥作用,帮助老师有效管理课堂和自主组织学习。本授课方法主要以组建团队为主导,以团建的形式培养学生自我组织学习、自我管理,形成团队意识、竞争意识。在实训过程中,所有学生以小组团队身份出现。老师按照八步教学法的步骤,首先对整个实训工程案例进行切片式阶段任务设计,每个阶段任务利用八步教学法合理贯穿实施。整个课程利用我们提供的教学资料包进行教学,备、教、练、考、评一体化课堂设计,老师主要扮演组织者引导者角色,学生作为实训学习的主体,发挥主要作用,实训效果在学生身上得到充分体现。

团建八步教学法框架图:

八步教学授课操作流程如下:

第一步 明确任务:1.本堂课的任务是什么;2.该任务是在什么情境下;3.该任务计算范围(哪些项目需要计算,哪些项目不需要计算)。

第二步 该任务对应的案例工程图纸的识图及业务分析:(结合案例图纸)以团队的方式进行图纸及业务分析,找出各任务中涉及构件的关键参数及图纸说明,以团队的方式从定额、清单两个角度进行业务分析,确定算什么、如何算。

第三步 观看视频与上机演示:老师可以采用播放完整的案例操作以及业务讲解视频,也可以自行根据需要上机演示操作,主要是明确本阶段的软件应用的重要功能,操作上机的重点及难点。

第四步 任务实战:老师根据已布置的任务,规定完成任务的时间,团队学生自己动手操作,配合老师辅导指引,在规定时间内完成阶段任务。(其中,在套取清单的过程中,此环节强烈建议采用教材统一提供的教学清单库。土建实训教程采用本地化"2014 土建实训教程教学专用清单库",此清单库为高校专用清单库,采用 12 位清单编码,和广联达高校算量大赛对接,主要用于结果评测)学生在规定时间内完成任务后,提交个人成果,老师利用评分软件当堂对学生成果资料进行评测,得出个人成绩。

第五步 组内对量:评分完毕后,学生根据每个人的成绩,在小组内利用对量软件进行对量,讨论完成对量问题,如找问题、查错误、优劣搭配、自我提升。老师要求每个小组最终出具一份能代表小组实力的结果文件。

第六步　小组 PK:每个小组上交最终成功文件后,老师再次使用评分软件进行评分,测出各个小组的成绩优劣,希望能通过此成绩刺激小组的团队意识以及学习动力。

第七步　二次对量:老师下发标准答案,学生再次利用对量软件与标准答案进行结果对比,从而找出错误点加以改正,掌握本堂课所有内容,提升自己的能力。

第八步　学生小组及个人总结:老师针对本堂课的情况进行总结及知识拓展,最终共同完成本堂课的教学任务。

本教程由湖南交通职业技术学院魏丽梅、广联达软件股份有限公司王全杰主编;广联达软件股份有限公司朱溢镕、湖南工程职业技术学院玉小冰、湖南工业大学周正华担任副主编,参与教程方案设计、编制、审核等;湖南有色金属职业技术学院佘勇担任主审工作。同时参与编制的人员还有湖南城建职业技术学院李延超、湖南财政经济学院颜红艳、湖南交通职业技术学院易红霞、湖南交通职业技术学院曾丹、湖南工程职业技术学院刘剑勇、长沙高新工程技术学校任义及众多院校参与评审的专家,在此一并表示衷心的感谢。

在课程方案设计阶段,借鉴了河南运照工程管理有限公司造价业务实训方案、实训培训方法,从而保证了本系列教程的实用性、有效性。本教程汲取了湖南交通职业技术学院的实训教学经验,让教程内容更适合初学者。同时,感谢编委会对教程提出的宝贵意见。

在本教程的调研、修订过程中,工程教育事业部高杨经理、李永涛、王光思、李洪涛、沈默等同事给予了热情的帮助,对课程方案提出了中肯的建议,在此表示诚挚的感谢。

随着高校对实训教学的深入开展,广联达教育事业部造价组联合全国高校资深专业教师,倾力打造完美的造价实训课堂。针对高校人才培养方案,研究适合高校的实训教学模式,欢迎广大老师积极加入我们的广联达实训大家庭(实训教学群:307716347),希望我们能联手打造优质的实训系列课程。

本套教程在编写过程中,虽然经过反复斟酌和校对,但由于时间紧迫,编者能力有限,难免存在不足之处,诚望广大读者提出宝贵意见,以便再版时修改完善。

朱溢镕

2014 年 8 月　北京

目 录

上篇 建筑工程计量

本篇内容简介

建施、结施识图

土建算量软件算量原理

建筑工程量计算准备工作

首层工程量计算

二层工程量计算

三层、四层工程量计算

机房层及屋面层工程量计算

地下一层工程量计算

基础层工程量计算

装修工程量计算

楼梯工程量计算

钢筋算量软件与图形算量软件的无缝联接

结课考试——认证平台

本篇教学目标

具体参看每节教学目标

第1章　土建算量工程图纸及业务分析

通过本章的学习,你将能够:

(1)分析图纸的重点内容,提取算量的关键信息;

(2)从造价的角度进行识图;

(3)描述土建算量软件的基本流程。

对于预算的初学者,拿到图纸及造价编制要求后,面对手中的图纸、资料、要求等大堆资料往往无从下手,究其原因,主要集中在以下两个方面:

①看着密密麻麻的建筑说明、结构说明中的文字,有关预算的"关键字眼"是哪些呢?

②针对常见的框架、框剪、砖混3种结构,分别应从哪里入手开始进行算量工作?

下面就针对这些问题,结合《办公大厦建筑工程图》,从读图、列项逐一进行分析。

1.1　建筑施工图

房屋建筑土建施工图纸,大多分为建筑施工图和结构施工图。建筑施工图纸大多由总平面布置图、建筑设计说明、各楼层平面图、立面图、剖面图、节点详图、楼梯详图等组成。下面就这些分类结合《办公大厦建筑工程图》分别对其功能、特点逐一进行介绍。

1)总平面布置图

(1)概念

建筑总平面布置图,是表明新建房屋所在基地有关范围内的总体布置。它反映新建、拟建、原有和拆除的房屋、构筑物等的位置和朝向,室外场地、道路、绿化等的布置,地形、地貌、标高等,以及原有环境的关系和邻界情况等。建筑总平面布置图也是房屋及其他设施施工的定位、土方施工以及绘制水、暖、电等管线总平面图和施工总平面图的依据。

(2)对编制工程预算的作用

①结合拟建建筑物位置,确定塔吊的位置及数量。

②结合场地总平面位置情况,考虑是否存在二次搬运。

③结合拟建工程与原有建筑物的位置关系,考虑土方支护、放坡、土方堆放调配等问题。

④结合拟建工程之间的关系,综合考虑建筑物的共有构件等问题。

2)建筑设计说明

(1)概念

建筑设计说明,是对拟建建筑物设计情况的总体说明。

（2）包含的主要内容

①建筑施工图目录。

②设计依据：设计所依据的标准、规定、文件等。

③工程概况：内容一般应包括建筑名称、建设地点、建设单位、建筑面积、建筑基底面积、建筑工程等级、设计使用年限、建筑层数和建筑高度、防火设计建筑分类和耐火等级，人防工程防护等级、屋面防水等级、地下室防水等级、抗震设防烈度等，以及能反映建筑规模的主要技术经济指标，如住宅的套型和套数（包括每套的建筑面积、使用面积、阳台建筑面积；房间的使用面积可在平面图中标注）、旅馆的客房间数和床位数、医院的门诊人次和住院部的床位数、车库的停车泊位数等。

④建筑物定位及设计标高、高度。

⑤图例。

⑥用料说明和室内外装修。

⑦对采用新技术、新材料的做法说明及对特殊建筑造型和必要的建筑构造的说明。

⑧门窗表及门窗性能（防火、隔声、防护、抗风压、保温、空气渗透、雨水渗透等）、用料、颜色、玻璃、五金件等的设计要求。

⑨幕墙工程（包括玻璃、金属、石材等）及特殊的屋面工程（包括金属、玻璃、膜结构等）的性能及制作要求，平面图、预埋件安装图等，以及防火、安全、隔音构造。

⑩电梯（自动扶梯）选择及性能说明（功能、载重量、速度、停站数、提升高度等）。

⑪墙体及楼板预留孔洞需封堵时的封堵方式说明。

⑫其他需要说明的问题。

（3）编制预算时需思考的问题

①该建筑物的建设地点在哪里？（涉及税金等费用问题）

②该建筑物的总建筑面积是多少？地上、地下建筑面积各是多少？（可根据经验，对此建筑物估算大约造价金额）

③图纸中的特殊符号表示什么意思？（帮助我们读图）

④层数是多少？高度是多少？（是否产生超高增加费？）

⑤填充墙体采用什么材质？厚度有多少？砌筑砂浆标号是多少？特殊部位墙体是否有特殊要求？（查套填充墙子目）

⑥是否有关于墙体粉刷防裂的具体措施？（比如在混凝土构件与填充墙交接部位设置钢丝网片）

⑦是否有相关构造柱、过梁、压顶的设置说明？（此内容不在图纸上画出，但也需计算造价）

⑧门窗采用什么材质？对玻璃的特殊要求是什么？对框料的要求是什么？有什么五金？门窗的油漆情况如何？是否需要设置护窗栏杆？（查套门窗、栏杆相关子目）

⑨有几种屋面？构造做法分别是什么？或者采用哪本图集？（查套屋面子目）

⑩屋面排水的形式是什么？（计算落水管的工程量及查套子目）

⑪外墙保温的形式是什么？保温材料是什么？厚度多少？（查套外墙保温子目）

⑫外墙装修分几种？做法分别是什么？（查套外装修子目）

⑬室内有几种房间？它们的楼地面、墙面、墙裙、踢脚、天棚（吊顶）装修做法是什么？或者采用哪本图集？（查套房间装修子目）

问题思考

请结合《办公大厦建筑工程图》，思考上述问题。

3）各层平面图

假设在各层窗台上边大约10cm处用一个水平剖切面将房子水平剖开，移去上半部分，从上向下俯视房间的下半部分，可看到房子的四周外墙和墙上的门窗、内墙和墙上的门，以及外墙以外的构件，如散水、台阶、雨篷、挑檐等。将看到的部分都画出来，并注上尺寸，就是各层平面图。

编制预算时需思考以下问题：

（1）地下 n 层平面图

①注意地下室平面图的用途，地下室墙体的厚度及材质。（结合"建筑设计说明"）

②注意进入地下室的通道（是与其他邻近建筑地下室共用通道，还是本建筑物地下室独立通道；进入地下室的楼梯在什么位置）。

③注意图纸下方对此楼层的特殊说明。

（2）首层平面图

①通看平面图，是否存在对称的情况。

②台阶、坡道的位置在哪里？台阶挡墙的做法是否有节点引出？台阶的构造做法采用哪本图集？坡道的位置在哪里？坡道的构造做法采用哪本图集？坡道栏杆的做法是什么？（台阶、坡道的做法有时也在"建筑设计说明"中明确）

③散水的宽度是多少？做法采用的图集号是多少？（散水做法有时也在"建筑设计说明"中明确）

④首层的大门、门厅位置在哪里？（与二层平面图中雨篷相对应）

⑤首层墙体的厚度是多少？材质是什么？砌筑有什么要求？（可结合"建筑设计说明"对照来读）

⑥是否有节点详图引出标志？（如有节点引出标志，则需对照相应节点号找到详图，以帮助全面理解图纸）

⑦注意图纸下方对此楼层的特殊说明。

（3）二层平面图

①是否存在平面对称或户型相同的情况？

②雨篷的位置在哪里？（与首层大门位置一致）

③二层墙体的厚度是多少？材质是什么？砌筑有什么要求？（可结合"建筑设计说明"对照来读）

④是否有节点详图引出标志？（如有节点引出标志，则需对照相应节点号找到详图，以帮助全面理解图纸）

⑤注意图纸下方对此楼层的特殊说明。

（4）其他层平面图

①是否存在平面对称或户型相同的情况？

②当前层墙体的厚度是多少？材质是什么？砌筑有什么要求？（可结合"建筑设计说明"对照来读）

③是否有节点详图引出标志？（如有节点引出标志，则需对照相应节点号找到详图，以帮助全面理解图纸）

④注意当前楼层与其他楼层平面的异同，并结合立面图、详图、剖面图综合理解。

⑤注意图纸下方对此楼层的特殊说明。

（5）屋面平面图

①屋面结构板顶标高是多少？（结合层高、相应位置结构层板顶标高来读）

②屋面女儿墙顶标高是多少？（结合屋面板顶标高计算出女儿墙高度）

③查看屋面女儿墙详图。（理解女儿墙造型、压顶造型等信息）

④屋面的排水方式是什么？落水管位置及根数是多少？（结合"建筑设计说明"中关于落水管的说明来理解）

⑤注意屋面造型平面形状，并结合相关详图理解。

⑥注意屋面楼梯间的信息。

4）立面图

从建筑的正面看，将可以看到建筑的正立面形状、门窗、外墙裙、台阶、散水、挑檐等都画出来，即形成建筑立面图。

编制预算时需注意以下问题：

①室外地坪面设计标高是多少？

②查看立面图中门窗洞口尺寸、离地高度等信息，结合各层平面图中门窗的位置，思考过梁的信息；结合"建筑设计说明"中关于护窗栏杆的说明，确定是否存在护窗栏杆。

③结合屋面平面图，从立面图上理解女儿墙及屋面造型。

④结合各层平面图，从立面图上理解空调板、阳台栏板等信息。

⑤结合各层平面图，从立面图理解各层节点位置及装饰位置的信息。

⑥从立面图上理解建筑物各个立面的外装修信息。

⑦结合平面图理解门斗造型信息。

问 题思考

请结合《办公大厦建筑工程图》，思考上述问题。

5）剖面图

剖面图的作用是对无法在平面图及立面图上表述清楚的局部部位进行剖切，以表述清楚建筑内部的构造，从而补充说明平面图、立面图所不能显示的建筑物内部信息。

编制预算时需注意以下问题：

①结合平面图、立面图、结构板的标高信息、层高信息及剖切位置，理解建筑物内部构造的信息。

②查看剖面图中关于首层室内外标高信息,结合平面图、立面图理解室内外高差的概念。

③查看剖面图中屋面标高信息,结合屋面平面图及其详图,正确理解屋面板的高差变化。

问题思考

请结合《办公大厦建筑工程图》,思考上述问题。

6)楼梯详图

楼梯详图由楼梯剖面图、平面图组成。由于平面图、立面图只能显示楼梯的位置,而无法清楚显示楼梯的走向、踏步、标高、栏杆等细部信息,因此设计中一般把楼梯用详图展示。

编制预算时需注意以下问题:

①结合平面图中楼梯位置、楼梯详图的标高信息,正确理解楼梯作为竖向交通工具的立体状况。(思考关于楼梯平台、楼梯踏步、楼梯休息平台的概念,进一步理解楼梯及楼梯间装修的工程量计算及定额套用的注意事项)

②结合楼梯详图,了解楼梯井的宽度,进一步思考楼梯工程量的计算规则。

③了解楼梯栏杆的详细位置、高度及所用到的图集。

问题思考

请结合《办公大厦建筑工程图》,思考上述问题。

7)节点详图

(1)表示方法

为了补充说明建筑物细部的构造,从建筑物的平面图、立面图中特意引出需要说明的部位,对相应部位作进一步详细描述,就构成了节点详图。下面就节点详图的表示方法作简要说明。

①被索引的详图在同一张图纸内,如图 1.1 所示。

图 1.1

②被索引的详图不在同一张图纸内,如图 1.2 所示。

图 1.2

③被索引的详图参见图集,如图 1.3 所示。

图 1.3

④索引的剖视详图在同一张图纸内,如图 1.4 所示。

图 1.4

⑤索引的剖视详图不在同一张图纸内,如图 1.5 所示。

图 1.5

(2)编制预算时需注意的问题

①墙身节点详图:

a.墙身节点详图底部:查看关于散水、排水沟、台阶、勒脚等方面的信息,对照散水宽度是否与平面图一致,参照的散水、排水沟图集是否明确。(图集有时在平面图或"建筑设计说明"中明确)

b.墙身节点详图中部:了解墙体各个标高处外装修、外保温信息;理解外窗中关于窗台板、窗顶过梁等信息;理解关于圈梁位置、标高的信息。

c.墙身节点详图顶部:理解相应墙体顶部关于屋面、阳台、雨篷、挑檐等位置的构造信息。

②飘窗节点详图:理解飘窗板的标高、生根等信息;理解飘窗板内侧是否需要保温等的信息。

③压顶节点详图:了解压顶的形状、标高、位置等信息。

④空调板节点详图:了解空调板的立面标高、生根的信息;了解空调板栏杆(或百叶)的高度及位置信息。

⑤其他详图。

1.2 结构施工图

结构施工图纸一般包括：图纸目录、结构设计总说明、基础平面图及其详图、墙柱定位图、各层结构平面图（模板图、板配筋图、梁配筋图）、墙柱配筋图及其留洞图、楼梯及其他构筑物详图（水池、坡道、电梯机房、挡土墙等）。

作为造价工作者来讲，结构施工图主要是计算混凝土、模板、钢筋等工程量，进而计算其造价，而为了计算这些工程量，需要了解建筑物的钢筋配置、摆放信息，需要了解建筑物的基础及其垫层、墙、梁、板、柱、楼梯等的混凝土标号、截面尺寸、高度、长度、厚度、位置等信息，从预算角度也着重从这些方面加以详细阅读。下面就结合《办公大厦建筑工程图》，分别对其功能、特点逐一进行介绍。

1）结构设计总说明

（1）主要内容

①工程概况：建筑物的位置、面积、层数、结构抗震类别、设防烈度、抗震等级、建筑物合理使用年限等。

②工程地质情况：土质情况、地下水位等。

③设计依据。

④结构材料类型、规格、强度等级等。

⑤分类说明建筑物各部位设计要点、构造及注意事项等。

⑥需要说明的隐蔽部位的构造详图，如后浇带加强筋、洞口加强筋、锚拉筋、预埋件等。

⑦重要部位图例等。

（2）编制预算时需要注意的问题

①建筑物抗震等级、设防烈度、檐高、结构类型等信息，作为钢筋搭接、锚固的计算依据。

②土质情况，作为针对土方工程组价的依据。

③地下水位情况，考虑是否需要采取降排水措施。

④混凝土标号、保护层等信息，作为查套定额、计算钢筋的依据。

⑤钢筋接头的设置要求，作为计算钢筋的依据。

⑥砌体构造要求，包括构造柱、圈梁的设置位置及配筋，过梁的参考图集，砌体加固钢筋的设置要求或参考图集，作为计算圈梁、构造柱、过梁的工程量及钢筋量的依据。

⑦砌体的材质及砌筑砂浆要求，作为套砌体定额的依据。

⑧其他文字性要求或详图，有时不在结构平面图纸中画出，但要计算其工程量。举例如下：

a. 现浇板分布钢筋；

b. 施工缝止水带；

c. 次梁加强筋、吊筋；

d. 梁侧面纵向构造钢筋的拉筋；

e. 洞口加强筋；

f. 后浇带加强钢筋；

g.筏板基础马凳筋等。

问 题思考

请结合《办公大厦建筑工程图》,思考以下问题:

①本工程的结构类型是什么?

②本工程的抗震等级及设防烈度是多少?

③本工程不同位置混凝土构件的混凝土标号是多少? 有无抗渗等特殊要求?

④本工程砌体的类型及砂浆标号是多少?

⑤本工程的钢筋保护层有什么特殊要求?

⑥本工程的钢筋接头及搭接有无特殊要求?

⑦本工程各构件的钢筋配置有什么要求?

2)桩基平面图

编制预算时需注意以下问题:

①桩基类型,结合"结构设计总说明"中的地质情况,考虑施工方法及相应定额子目。

②桩基钢筋详图,是否存在铁件,用来准确计算桩基钢筋及铁件工程量。

③桩顶标高,用来考虑挖桩间土方等因素。

④桩长。

⑤桩与基础的连接详图,考虑是否存在凿截桩头情况。

⑥其他计算桩基需要考虑的问题。

3)基础平面图及其详图

编制预算时需注意以下问题:

①基础类型是什么? 决定查套的子目。如需要注意判断是有梁式条基还是无梁式条基等。

②基础详图情况,帮助理解基础构造,特别注意基础标高、厚度、形状等信息,了解在基础上生根的柱、墙等构件的标高及插筋情况。

③注意基础平面图及详图的设计说明,有些内容是不画在平面图上的,而是以文字的形式表现,如筏板厚度、筏板配筋、基础混凝土的特殊要求(如抗渗等级)。

④根据筏板厚度,判断是否布置马凳筋,马凳筋的配筋信息及布置方式等。

4)柱子平面布置图及柱表

编制预算时需注意以下问题:

①对照柱子位置信息(b边、h边的偏心情况)及梁、板、建筑平面图柱的位置,从而理解柱子作为支座类构件的准确位置,为以后计算梁、墙、板等工程量作准备。

②柱子不同标高部位的配筋及截面信息(常以柱表或截面标注的形式出现)。

③特别注意柱子生根部位及高度截止信息,为理解柱子高度信息作准备。

问 题思考

请结合《办公大厦建筑工程图》,思考上述问题。

5）剪力墙体布置平面图及暗柱、端柱表

编制预算时需注意以下问题：

①对照建筑平面图阅读理解剪力墙位置及长度信息，从而了解剪力墙和填充墙共同作为建筑物围护结构的部位，便于计算混凝土墙体及填充墙体工程量。

②阅读暗柱、端柱表，学习理解暗柱、端柱钢筋的拆分方法。

③注意图纸说明，捕捉其他钢筋信息，防止漏项（例如暗梁，一般不在图形中画出，而以截面详图或文字形式体现其位置及钢筋信息）。

问 题思考

请结合《办公大厦建筑工程图》，思考上述问题。

6）梁平面布置图

编制预算时需注意以下问题：

①结合剪力墙平面布置图、柱平面布置图、板平面布置图综合理解梁的位置信息。

②结合柱子位置，理解梁跨的信息，进一步理解主梁、次梁的概念及在计算工程量过程中的次序。

③注意图纸说明，捕捉关于次梁加强筋、吊筋、构造钢筋的文字说明信息，防止漏项。

问 题思考

请结合《办公大厦建筑工程图》，思考上述问题。

7）板平面布置图

编制预算时需注意以下问题：

①结合图纸说明，阅读不同板厚的位置信息。

②结合图纸说明，理解受力筋的范围信息。

③结合图纸说明，理解负弯矩钢筋的范围及其分布筋信息。

④仔细阅读图纸说明，捕捉关于洞口加强筋、阳角加筋、温度筋等信息，防止漏项。

问 题思考

请结合《办公大厦建筑工程图》，思考上述问题。

8）楼梯结构详图

编制预算时需注意以下问题：

①结合建筑平面图，了解不同楼梯的位置。

②结合建筑立面图、剖面图，理解楼梯的使用性能（举例：1#楼梯仅从首层通至3层，2#楼梯从负1层可以通往18层等）。

③结合建筑楼梯详图及楼层的层高、标高等信息，理解不同踏步板的数量、休息平台的标高及尺寸。

④结合图纸说明及相应踏步板的钢筋信息，理解楼梯钢筋的布置状况，注意分布筋的特

殊要求。

⑤结合详图及位置,阅读梯板厚度、宽度及长度,平台厚度及面积,楼梯井宽度等信息,为计算楼梯实际混凝土体积作好准备。

问题思考

请结合《办公大厦建筑工程图》,思考上述问题。

1.3 土建算量软件算量原理

建筑工程量的计算是一项工作量大而繁重的工作,工程量计算的算量工具也随着信息化技术的发展,经历算盘、计算器、计算机表格、计算机建模几个阶段,如图1.6所示。现在我们采用的就是通过建筑模型进行工程量的计算。

图 1.6

现在建筑设计输出的图纸绝大多数是采用二维设计,提供建筑的平、立、剖图纸,对建筑物进行表达。而建模算量则是将建筑平、立、剖面图结合,建立建筑的空间模型,模型的建立则可以准确地表达各类构件之间的空间位置关系,土建算量软件则按计算规则计算各类构件的工程量,构件之间的扣减关系则根据模型由程序进行处理,从而准确计算出各类构件的工程量。为方便工程量的调用,将工程量以代码的方式提供,套用清单与定额时可以直接套用,如图1.7所示。

使用土建算量软件进行工程量计算,已经从手工计算的大量书写与计算转化为建立建筑模型。无论用手工算量还是软件算量,都有一个基本的要求,那就是知道算什么、如何算。知道算什么,是做好算量工作的第一步,手工算、软件算只是采用了不同的手段完成算量工作而已;知道如何算才是掌握

图 1.7

土建算量技能的关键。

软件算量的重点:一是如何快速地按照图纸的要求,建立建筑模型;二是将算出来的工程量与工程量清单与定额进行关联;三是掌握特殊构件的处理及灵活应用。

1.4 图纸修订说明

一、建筑设计说明

(二)工程概况

2.本建筑物建设地点位于长沙市。

3.本建筑物抗震烈度为6度。

(三)节能设计

1.本工程外墙采用240mm厚加气混凝土砌块,采用微晶无机保温砂浆外保温,传热系数≤1.0。

2.本建筑物外窗采用塑钢中空玻璃窗,传热系数≤2.5。

3.本建筑物上人屋面均采用40mm厚挤塑聚苯板保温,不上人屋面均采用50mm厚挤塑聚苯板保温,导热系数<0.66。

(四)防水设计

1.地下室防水:本建筑物地下工程防水等级为二级,地下室墙身采用结构自防水和高聚物改性沥青卷材防水两道设防要求(采用标准图集11ZJ001第136页地防4)。

地下室墙身防水:钢筋混凝土结构自防水,抗渗等级≥S6;20mm厚1:2水泥砂浆找平;刷基层处理剂一遍;4mm厚SBS改性沥青防水卷材;30mm厚聚苯乙烯泡沫塑料板,用聚醋酸乙烯胶粘剂粘贴保护层;三七灰土,分层夯实。

在地下室外墙管道穿墙处,防水卷材端口及出地面收口处用防水油膏作局部防水处理。

地下室底板防水:钢筋混凝土结构自防水,抗渗等级≥S6;50mm厚C20细石混凝土保护层;4mm厚SBS改性沥青防水卷材。

2.屋面防水:本建筑物屋面工程防水等级为二级,坡屋面、不上人平屋面采用二层3.0mm厚改性沥青防水卷材;上人平屋面采用4.0mm厚改性沥青防水卷材;屋面雨水管采用 ϕ11UPVC内排水方式。

3.楼面防水:凡需要楼地面防水的房间,均做1.5mm厚聚氨酯防水涂料,面上撒黄沙,四周沿墙上翻150mm高;房间在做完闭水试验后再进行下道工序施工,凡管道穿楼板处均预埋防水套管。

(六)墙体设计

1.外墙:地下部分均为250mm厚自防水钢筋混凝土墙体;地上部分外墙为250mm厚加气混凝土砌块。

2.内墙:地下部分剪力墙均为250mm厚自防水钢筋混凝土墙体,其他为200mm厚加气混凝土砌块;地上部分剪力墙为200mm厚钢筋混凝土墙体,其他为200mm厚加气混凝土砌块。

二、工程做法（11ZJ 图集）

（一）室外装修设计

1）屋面

（1）上人屋面（平屋面 11ZJ001 屋 101-2F1-50B1 地砖保护层屋面,保温、上人屋面）

①10mm 厚地砖铺平拍实,缝宽 5～8mm,1∶1水泥砂浆填缝;

②25mm 厚 1∶4干硬性水泥砂浆;

③满铺 0.3mm 厚聚乙烯薄膜一层;

④两层 3mm 厚 SBS 改性沥青防水卷材;

⑤刷基层处理剂一遍;

⑥20mm 厚 1∶2.5 水泥砂浆找平;

⑦20mm 厚(最薄处)1∶8水泥珍珠岩找 2% 坡;

⑧50mm 厚挤塑聚苯乙烯泡沫塑料板;

⑨钢筋混凝土楼板,表面清扫干净。

（2）不上人屋面（平屋面,11ZJ001 屋 107-2F1-50B1 水泥砂浆保护层,保温、非上人屋面）

①25mm 厚 1∶2.5 水泥砂浆,分格缝面积 1m²;

②满铺 0.3mm 厚聚乙烯薄膜一层;

③两层 3mm 厚 SBS 改性沥青防水卷材;

④刷基层处理剂一遍;

⑤20mm 厚 1∶2.5 水泥砂浆找平;

⑥20mm 厚(最薄处)1∶8水泥珍珠岩找 2% 坡;

⑦50mm 厚挤塑聚苯乙烯泡沫塑料板;

⑧钢筋混凝土楼板,表面清扫干净。

（3）不上人屋面（坡屋面）

①25mm 厚 1∶2.5 水泥砂浆,分格缝面积 1m²;

②满铺 0.3mm 厚聚乙烯薄膜一层;

③两层 3mm 厚 SBS 改性沥青防水卷材;

④刷基层处理剂一遍;

⑤20mm 厚 1∶2.5 水泥砂浆找平;

⑥50mm 厚挤塑聚苯乙烯泡沫塑料板;

⑦钢筋混凝土楼板,表面清扫干净。

2）外墙面

（1）地下室

①20mm 厚 1∶2水泥砂浆找平;

②刷基层处理剂一遍;

③4mm 厚 SBS 改性沥青防水卷材;

④30mm 厚聚苯乙烯泡沫塑料板;

⑤500mm 厚三七灰土,分层夯实。

（2）外墙 1

①外墙涂料;

②高分子乳液弹性底层涂料一遍;

③30mm 厚玻化微珠保温砂浆保温层;

④2mm 厚聚合物防水层;

⑤15mm 厚 2:1:8 水泥石灰砂浆找平;

⑥基层墙体,表面清理干净。

（3）外墙 2

玻璃幕墙。

3）混凝土散水做法（11ZJ001 散 1）

①60mm 厚 C15 混凝土,面上加 5mm 厚 1:1 水泥砂浆随打随抹光（每隔 20m 设一道缝宽 20mm 的变形缝,缝内填沥青砂浆）;

②150mm 厚三七灰土;

③素土夯实。

4）花岗石台阶做法（11ZJ001 台 7）

①20mm 厚花岗石踏步及踢脚板,水泥浆擦缝;

②30mm 厚 1:4 干硬性水泥砂浆;

③素水泥浆结合层一遍;

④60mm 厚 C15 混凝土台阶（不包括台阶三角形部分）;

⑤300mm 厚三七灰土;

⑥素土夯实。

5）坡道（结施-3 图）

①1:1 水泥砂浆捣实,木抹搓平;

②200mm 厚 C25 抗渗等级 P8;

③100mm 厚 C15 混凝土;

④素土夯实。

（二）室内装修设计

1）地面

（1）地面 1:细石混凝土防潮地面（11ZJ001 地 105）

①40mm 厚 C20 细石混凝土,随打随抹光;

②素水泥浆结合层一遍;

③80mm 厚 C15 混凝土垫层;

④素土夯实。

（2）地面 2:防水砂浆地面（11ZJ001 地 103）

①20mm 厚掺外加剂水泥防水砂浆抹面,表面压光;

②素水泥浆结合层一遍;

③80mm 厚 C15 混凝土垫层；

④素土夯实。

（3）地面3：陶瓷地砖地面（11ZJ001 地202A）

①8~10mm 厚地砖铺实拍平，水泥浆擦缝；

②20mm 厚 1:4 干硬性水泥砂浆；

③素水泥浆结合层一遍；

④80mm 厚 C15 混凝土垫层；

⑤素土夯实。

2）楼面

（1）楼面1：陶瓷地砖楼面（11ZJ001 楼202 陶瓷地砖楼面）

①8~10mm 厚地砖铺实拍平，水泥浆擦缝；

②20mm 厚 1:4 干硬性水泥砂浆；

③素水泥浆结合层一遍；

④钢筋混凝土板。

（2）楼面2：陶瓷地砖卫防水楼面［11ZJ001 楼202 陶瓷地砖楼面 F1（防水楼面）］

①8~10mm 厚地砖铺实拍平，水泥浆擦缝或1:1水泥砂浆填缝；

②20mm 厚 1:4 干硬性水泥砂浆；

③1.2mm 厚合成高分子防水涂料，四周沿墙上翻250mm 高；

④刷基层处理剂一遍；

⑤最薄处 15mm 厚1:2水泥砂浆找坡；

⑥钢筋混凝土板。

（3）楼面3：大理石楼面（11ZJ001 楼205）

①20mm 厚大理石板铺平拍实，水泥浆擦缝；

②30mm 厚 1:4 干硬性水泥砂浆；

③素水泥浆结合层一遍；

④钢筋混凝土板。

3）踢脚线

（1）踢脚线1：水泥砂浆踢脚（高100mm，参考11ZJ001 踢1 水泥砂浆踢脚B）

①15mm 厚 1:3 水泥砂浆；

②10mm 厚 1:2 水泥砂浆抹面压光。

（2）踢脚线2：面砖踢脚（用 600mm×100mm 深色面砖高100mm，11ZJ001 踢5 面砖踢脚 B）

①刷素水泥浆一遍（内掺水重3%~5%白乳胶）；

②15mm 厚 2:1:8 水泥石灰砂浆，分两次抹灰；

③3~4mm 厚1:1水泥砂浆加水重20%的白乳胶镶贴；

④8~10mm 厚面砖，水泥浆擦缝。

（3）踢脚线3：大理石踢脚（用 800mm×100mm 深色大理石高100mm，参考 11ZJ001 踢6

石质板材踢脚 B)

①刷素水泥浆一遍(内掺水重 3% ~5% 白乳胶);

②15mm 厚 2∶1∶8 水泥石灰砂浆,分两次抹灰;

③5 ~6mm 厚 1∶1 水泥砂浆加水重 20% 的白乳胶镶贴;

④10mm 厚大理石板,水泥浆擦缝。

4)内墙面

(1)内墙面 1:混合砂浆墙面(11ZJ001 内墙 102 混合砂浆墙面 B)

①刷专用界面剂一遍;

②15mm 厚 1∶1∶6 水泥石灰砂浆,分两次抹灰;

③5mm 厚 1∶0.5∶3 水泥石灰砂浆;

④刷乳胶漆两遍。

(2)内墙面 2:釉面砖墙面(面层用 200mm × 300mm 高级釉面砖,11ZJ001 内墙 201 釉面砖墙面 B)

①刷专用界面剂一遍;

②15mm 厚 2∶1∶8 水泥石灰砂浆,分两次抹灰;

③3 ~4mm 厚 1∶1 水泥砂浆加水重 20% 的白乳胶镶贴;

④4 ~5mm 厚釉面砖,白水泥浆擦缝。

5)顶棚

(1)顶棚 1:混合砂浆顶棚(11ZJ001 顶 103)

①钢筋混凝土板底面清理干净;

②5mm 厚 1∶1∶4 水泥石灰砂浆;

③5mm 厚 1∶0.5∶3 水泥石灰砂浆;

④刷乳胶漆两遍。

(2)顶棚 2:水泥砂浆顶棚(11ZJ001 顶 104)——用于门厅外顶棚

①钢筋混凝土板底面清理干净;

②5mm 厚 1∶3 水泥砂浆;

③5mm 厚 1∶2 水泥石灰砂浆;

④刷乳胶漆两遍。

6)吊顶

(1)吊顶 1:铝合金封闭式条形板吊顶(11ZJ001 顶 213)

①配套金属龙骨(龙骨由生产厂家配套供应);

②铝合金条形板,板宽为 100mm。

(2)吊顶 2:轻钢龙骨石膏装饰板吊顶(11ZJ001 顶 206)

①轻钢龙骨标准骨架:主龙骨中距 1000mm,次龙骨中距 600mm,横撑龙骨中距 600mm;

②600mm × 600mm 厚 12mm 石膏装饰板,自攻螺钉拧牢,孔眼用腻子填平。

7)油漆工程

(1)金属面油漆工程做法(11ZJ001 涂 201)

①清理金属面除锈；

②防锈漆或红丹一遍；

③刮腻子、磨光；

④调和漆两遍。

（2）木材面油漆做法（11ZJ001 涂 101）

①木基层清理、除污、打磨；

②刮腻子、磨光；

③底油一遍；

④调和漆两遍。

8）楼梯工程

①楼梯踏步及防滑条（11ZJ401，16/39）。

成品防滑梯级地砖。

②楼梯栏杆扶手（11ZJ401 P13 不锈钢楼梯栏杆二）。

③不锈钢护窗（11ZJ401 2B/34）。

9）独立柱装饰

①地下室独立柱参照室内墙面做法；

②1～4 层独立柱挂贴大理石。

10）混凝土散水做法（见 11ZJ001 散 1）

①60mm 厚 C15 混凝土，面上加 5mm 厚 1:1 水泥砂浆随打随抹光；

②150mm 厚三七灰土；

③素土夯实，向外坡 4%；

④每隔 12m 设一道 20mm 宽的变形缝，内填沥青砂浆。

11）水泥砂浆台阶做法（见 11ZJ001 水泥砂浆台阶一）

①20mm 厚 1:2 水泥砂浆抹面压光；

②素泥浆结合层一遍；

③60mm 厚 C15 混凝土台阶；

④300mm 厚三七灰土；

⑤素土夯实。

第2章 建筑工程量计算

2.1 准备工作

通过本节的学习,你将能够:
(1)正确选择清单与定额规则,以及相应的清单库和定额库;
(2)区分做法模式;
(3)正确设置室内外高差;
(4)定义楼层及统一设置各类构件混凝土标号;
(5)按图纸定义轴网。

2.1.1 新建工程

通过本小节的学习,你将能够:
(1)正确选择清单与定额规则,以及相应的清单库和定额库;
(2)正确设置室内外高差;
(3)依据图纸定义楼层;
(4)依据图纸要求设置混凝土标号、砂浆标号。

一、任务说明

根据《办公大厦建筑工程图》,在软件中完成新建工程的各项设置。

二、任务分析

①软件中新建工程的各项设置都有哪些?
②清单与定额规则及相应的清单库和定额库都是做什么用的?
③室外地坪标高的设置是如何计算出来?
④各层对混凝土标号、砂浆标号的设置,对哪些操作有影响?
⑤工程楼层的设置应依据建筑标高还是结构标高?区别是什么?
⑥基础层的标高应如何设置?

三、任务实施

1)新建工程

①启动软件,进入如下"欢迎使用 GCL2013"界面,如图 2.1 所示。注意:本教材使用的图形软件版本号为 10.5.4.1314。

图 2.1

②鼠标左键单击"新建向导",进入新建工程界面,如图 2.2 所示。

图 2.2

工程名称：按工程图纸名称输入，保存时会作为默认的文件名。本工程名称输入为"样例工程"。

计算规则、定额和清单库选择如图2.2所示。

做法模式：选择纯做法模式。

学习提示

软件提供了两种做法模式：纯做法模式和工程量表模式。工程量表模式与纯做法模式的区别在于：工程量表模式针对构件需要计算的工程量给出了参考列项。

③单击"下一步"按钮，进入"工程信息"界面，如图2.3所示。

新建工程：第二步，工程信息	
	属性名称	属性值
1	项目代码：	
2	工程类别：	
3	结构类型：	框架-剪力墙结构
4	基础形式：	满堂红基础
5	建筑特征：	
6	地下层数(层)：	1
7	地上层数(层)：	4
8	檐高(m)：	16.05
9	建筑面积(m2)：	(0)
10	室外地坪相对±0.000标高(m)：	-0.45

提示：黑色字体内容只起到标识的作用，对工程量计算没有任何影响；蓝色字体内容会影响计算结果，请根据实际情况填写。

图2.3

在工程信息中，室外地坪相对±0.000标高的数值，需要根据实际工程的情况进行输入。本样例工程的信息输入如图2.3所示。

室外地坪相对±0.000标高会影响土方工程量计算，可根据《办公大厦建筑工程图》建施-9中的室内外高差确定。

灰色字体输入的内容只起标识作用，所以地上层数、地下层数也可以不按图纸实际输入。

④单击"下一步"按钮，进入"编制信息"界面，如图2.4所示，根据实际工程情况添加相应的内容，汇总时会反映到报表里。

⑤单击"下一步"按钮，进入"完成"界面，这里显示了工程信息和编制信息，如图2.5所示。

图 2.4

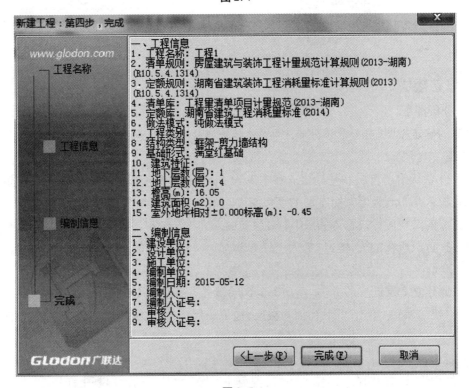

图 2.5

⑥单击"完成"按钮,完成新建工程,切换到"工程信息"界面,该界面显示了新建工程的工程信息,供用户查看和修改,如图2.6所示。

	属性名称	属性值
1	⊟ 工程信息	
2	工程名称:	广联达办公大厦
3	清单规则:	房屋建筑与装饰工程计量规范计算规则(2013-湖南)(R10.5.4.1314)
4	定额规则:	湖南省建筑装饰工程消耗量标准计算规则(2013)(R10.5.4.1314)
5	清单库:	工程量清单项目计量规范(2013-湖南)
6	定额库:	湖南省建筑工程消耗量标准(2014)
7	做法模式:	纯做法模式
8	项目代码:	
9	工程类别:	
10	结构类型:	框架-剪力墙结构
11	基础形式:	满堂红基础
12	建筑特征:	
13	地下层数(层):	1
14	地上层数(层):	4
15	檐高(m):	16.05
16	建筑面积(m2):	(0)
17	室外地坪相对±0.000标高(m):	-0.45
18	⊟ 编制信息	
19	建设单位:	
20	设计单位:	
21	施工单位:	
22	编制单位:	
23	编制日期:	2015-05-12
24	编制人:	
25	编制人证号:	
26	审核人:	
27	审核人证号:	

图2.6

2)建立楼层

(1)分析图纸

层高的确定按照《办公大厦建筑工程图》结施-4中"结构层高"建立。

(2)建立楼层

①软件默认给出首层和基础层。在本工程中,基础层的筏板厚度为500mm,在基础层的层高位置输入0.5m,板厚按照本层的筏板厚度输入为500mm。

②首层的结构底标高输入为-0.1m,层高输入为3.9m,本层最常用的板厚为120mm。鼠标左键选择首层所在的行,单击"插入楼层",添加第2层,2层的高度输入为3.9m,最常用的板厚为120mm。

③按照建立2层同样的方法,建立3至5层,5层层高为4.0m,可以按照图纸把5层的名称修改为"机房层"。单击基础层,插入楼层,地下一层的层高为4.3m,各层建立后,如图2.7所示。

(3)标号设置

从"结构设计总说明(一)"第八条"2.混凝土"中可知各层构件混凝土标号。

从八条"5.砌体(填充墙)"中分析,砂浆基础采用M5水泥砂浆,一般部位为M5混合

	楼层序号	名称	层高(m)	首层	底标高(m)	相同层数	现浇板厚(mm)	建筑面积(m2)
1	5	机房层	4.000	☐	15.500	1	120	
2	4	第4层	3.900	☐	11.600	1	120	
3	3	第3层	3.900	☐	7.700	1	120	
4	2	第2层	3.900	☐	3.800	1	120	
5	1	首层	3.900	☑	-0.100	1	120	
6	-1	第-1层	4.300	☐	-4.400	1	120	
7	0	基础层	0.500		-4.900	1	120	

图 2.7

砂浆。

在楼层设置下方是软件中的标号设置,用来集中统一管理构件混凝土标号、类型,砂浆标号、类型;对应构件的标号设置好后,在绘图输入新建构件时,会自动取这里设置的标号值。同时,标号设置适用于对定额进行楼层换算。

四、任务结果

任务实施结果如图 2.7 所示。

2.1.2　建立轴网

通过本小节的学习,你将能够:
(1)定义楼层及各类构件混凝土标号设置;
(2)按图纸定义轴网。

一、任务说明

根据《办公大厦建筑工程图》,在软件中完成轴网建立。

二、任务分析

①建施与结施图中采用什么图的轴网最全面?
②轴网中上、下、左、右开间如何确定?

三、任务实施

1)建立轴网

楼层建立完毕后,切换到"绘图输入"界面。首先,建立轴网。施工时是用放线来定位建筑物的位置,使用软件做工程时则是用轴网来定位构件的位置。

(1)分析图纸

由建施-3可知,该工程的轴网是简单的正交轴网,上下开间在⑨—⑪轴的轴距不同,左右进深轴距都相同。

（2）轴网的定义

①切换到绘图输入界面之后，选择模块导航栏构件树中的"轴线"→"轴网"，单击右键，选择"定义"按钮，软件切换到轴网的定义界面。

②单击"新建"按钮，选择"新建正交轴网"，新建"轴网-1"。

③输入"下开间"：在"常用值"下面的列表中选择要输入的轴距，双击左键即添加到轴距中；或者在"添加"按钮下的输入框中输入相应的轴网间距，单击"添加"按钮或按回车键即可；按照图纸从左到右的顺序，"下开间"依次输入 4800，4800，4800，7200，7200，7200，4800，4800，4800；本轴网上下开间在⑨—⑪轴不同，需要在"上开间"中也输入轴距。

④切换到"上开间"的输入界面，按照同样的方法，依次输入 4800，4800，4800，7200，7200，7200，4800，4800，1900，2900。

⑤输入完上下开间之后，单击轴网显示界面上方的"轴号自动生成"命令，软件自动调整轴号与图纸一致。

⑥切换到"左进深"的输入界面，按照图纸从下到上的顺序，依次输入左进深的轴距为 7200，6000，2400，6900。因为左右进深轴距相同，所以右进深可以不输入。

⑦可以看到，右侧的轴网图显示区域已经显示了定义的轴网，轴网定义完成（图同2.9）。

2）轴网的绘制

（1）绘制轴网

①轴网定义完毕后，单击"绘图"按钮，切换到绘图界面。

②弹出"请输入角度"对话框，提示用户输入定义轴网需要旋转的角度。本工程轴网为水平竖直方向的正交轴网，旋转角度按软件默认输入"0"即可，如图2.8所示。

图2.8

③单击"确定"按钮，绘图区显示轴网，这样就完成了对本工程轴网的定义和绘制。

（2）轴网的其他功能

①设置插入点：用于轴网拼接，可以任意设置插入点（只要不是在轴线的交点处或整个轴网外，都可设置）。

②修改轴号和轴距：当检查到已经绘制的轴网有错误时，可以直接修改。

③软件提供了辅助轴线，用于构件辅轴定位。辅轴在任意图层都可以直接添加。辅轴主要有：两点、平行、点角、圆弧。

四、任务结果

完成轴网如图2.9所示。

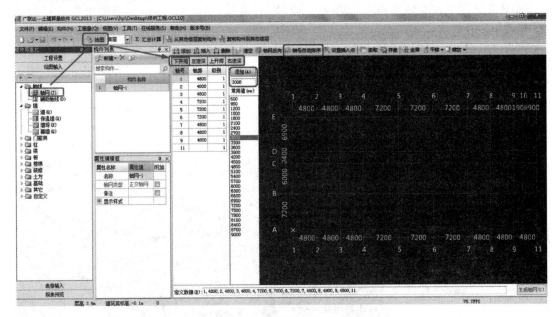

图2.9

五、总结拓展

①新建工程中,主要确定工程名称、计算规则以及做法模式。蓝色字体的参数值影响工程量计算,按照图纸输入,其他信息只起标识作用。

②首层标记:在楼层列表中的首层列,可以选择某一层作为首层,勾选后,该层作为首层,相邻楼层的编码自动变化,基础层的编码不变。

③底标高:是指各层的结构底标高。软件中只允许修改首层的底标高,其他层标高自动按层高反算。

④相同板厚:是软件给的默认值,可以按工程图纸中最常用的板厚设置。在绘图输入新建板时,会自动默认取这里设置的数值。

⑤建筑面积:是指各层建筑面积图元的建筑面积工程量,为只读。

⑥可以按照结构设计总说明,对应构件选择标号和类型;对修改的标号和类型,软件会以反色显示。在首层输入相应的数值完毕后,可以使用右下角的"复制到其他楼层"命令,把首层的数值复制到参数相同的楼层。各个楼层的标号设置完成后,就完成了对工程楼层的建立,可以进入绘图输入进行建模计算。

⑦有关轴网的编辑、辅助轴线的详细操作,请查阅"帮助"菜单中的文字帮助→绘图输入→轴线。

⑧建立轴网时,输入轴距的两种方法:常用的数值可以直接双击;常用值中没有的数据直

接添加即可。

⑨当上下开间或者左右进深轴距不一样时(即错轴),可以使用"轴号自动生成"将轴号排序。

⑩比较常用的建立辅助轴线的功能:二点辅轴(直接选择两个点绘制辅助轴线);平行辅轴(建立平行于任意一条轴线的辅助轴线);圆弧辅轴(可以通过选择3个点绘制辅助轴线)。

⑪在任何界面下都可以添加辅轴。轴网绘制完成后,就进入"绘图输入"部分。绘图输入部分可以按照后面章节的流程进行。

⑫软件的页面介绍如图2.10所示。

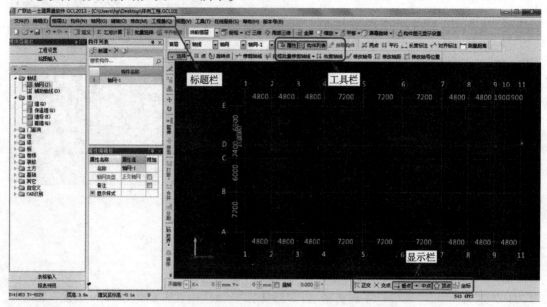

图2.10

2.2 首层工程量计算

通过本节的学习,你将能够:

(1)定义柱、剪力墙、梁、板、门窗等构件;

(2)绘制柱、剪力墙、梁、板、门窗等图元;

(3)掌握暗梁、暗柱、连梁在GCL2013软件中的处理方法。

2.2.1 首层柱的工程量计算

通过本小节的学习,你将能够:

(1)依据定额和清单确定柱的分类和工程量计算规则;

(2)定义矩形柱、圆形柱、参数化端柱的属性并套用做法;

(3)绘制本层柱图元;

（4）统计本层柱的个数及工程量。

一、任务说明

①完成首层矩形柱、圆形柱及异形端柱的属性定义、做法套用及图元绘制。
②汇总计算，统计本层柱的工程量。

二、任务分析

①各种柱在计量时的主要尺寸是哪些？从什么图中什么位置找到？有多少种柱？
②工程量计算中柱都有哪些分类？都套用什么定额？
③软件如何定义各种柱？各种异形截面端柱如何处理？
④构件属性、做法套用、图元之间有什么关系？
⑤如何统计本层柱的清单工程量和定额工程量？

三、任务实施

1）分析图纸

①在框架剪力墙结构中，暗柱的工程量并入墙体计算。结施-4 中暗柱有两种形式：一种和墙体一样厚，如 GJZ1 的形式，作为剪力墙处理；另一种为端柱（如 GDZ1），突出剪力墙的，在软件中类似 GDZ1 这种端柱可以定义为异形柱，在做法套用时套用混凝土墙体的清单和定额子目。

②从《办公大厦建筑工程图》结施-5 的柱表中得到柱的截面信息，本层包括矩形框架柱、圆形框架柱及异形端柱，主要信息如表 2.1 所示。

表 2.1　柱表

序号	类型	名称	混凝土标号	截面尺寸（mm）	标高	备注
1	矩形框架柱	KZ1	C30	600×600	$-0.100 \sim +3.800$	
		KZ6	C30	600×600	$-0.100 \sim +3.800$	
		KZ7	C30	600×600	$-0.100 \sim +3.800$	
2	圆形框架柱	KZ2	C30	$D = 850$	$-0.100 \sim +3.800$	
		KZ4	C30	$D = 500$	$-0.100 \sim +3.800$	
		KZ5	C30	$D = 500$	$-0.100 \sim +3.800$	
3	异形端柱	GDZ1	C30	详见结施-6 柱截面尺寸	$-0.100 \sim +3.800$	
		GDZ2	C30		$-0.100 \sim +3.800$	
		GDZ3	C30		$-0.100 \sim +3.800$	
		GDZ4	C30		$-0.100 \sim +3.800$	

2)现浇混凝土柱清单、定额计算规则学习

（1）清单计算规则（见表2.2）

表2.2　柱清单计算规则

编号	项目名称	单位	计算规则
010502001	矩形柱	m^3	按设计图示尺寸以体积计算。柱高： 1.有梁板的柱高，应自柱基上表面（或楼板上表面）至上一层楼板上表面之间的高度计算；
010502003	异形柱	m^3	2.无梁板的柱高，应自柱基上表面（或楼板上表面）至柱帽下表面之间的高度计算； 3.框架柱的柱高，应自柱基上表面至柱顶高度计算； 4.构造柱按全高计算，嵌接墙体部分（马牙槎）并入柱身体积计算； 5.依附柱上的牛腿和升板的柱帽，并入柱身体积计算
010504001	直形墙	m^3	按设计图示尺寸以体积计算，扣除门窗洞口及单个面积 $>0.3m^2$ 的孔洞所占体积，墙垛及突出墙面部分并入墙体体积内计算
011702002	矩形柱模块	m^2	按模板与现浇混凝土构件的接触面积计算
011702004	异形柱模块	m^2	
011702011	直形墙模块	m^2	

（2）定额计算规则（见表2.3）

表2.3　柱定额计算规则

编号	项目名称	单位	计算规则
A5-109	商品混凝土构件 地面以上输送高度 30m 以内 柱	m^3	按设计图示尺寸以体积计算。柱高： 1.有梁板的柱高，应自柱基上表面（或楼板上表面）至上一层楼板上表面之间的高度计算； 2.无梁板的柱高，应自柱基上表面（或楼板上表面）至柱帽下表面之间的高度计算； 3.框架柱的柱高，应自柱基上表面至柱顶高度计算； 4.构造柱按全高计算，嵌接墙体部分（马牙槎）并入柱身体积； 5.依附柱上的牛腿和升板的柱帽，并入柱身体积计算
A5-109	商品混凝土构件 地面以上输送高度 30m 以内 墙	m^3	按设计图示尺寸以体积计算。不扣除构件内钢筋、预埋铁件所占体积。扣除门窗洞口及单孔面积 $>0.3m^2$ 的孔洞所占体积，墙垛及突出墙面部分并入墙体体积内计算
A13-20	现浇混凝土模板 矩形柱 竹胶合板模板 钢支撑	m^2	按混凝土与模板接触面的面积计算。 柱、墙：底层，以基础顶面为界算至上层楼板表面；楼层中，以楼面为界算至上层楼板表面（有柱帽的柱应扣柱帽部分量）

续表

编号	项目名称	单位	计算规则
A13-22	现浇混凝土模板 柱支撑高度超过3.6m 增加3m 以内 钢支撑	m²	模板支撑高度>3.6m 时,按超过部分全部面积计算工程量
A13-31	现浇混凝土模板 直形墙 竹胶合板模板 钢支撑	m²	按模板与现浇混凝土构件的接触面积计算,附墙柱侧面积并入墙模板工程量,单孔面积≤0.3m² 的孔洞不予扣除,洞侧壁模板亦不增加;>0.3m² 的孔洞应予扣除,洞侧壁模板面积并入墙模板工程量中
A13-35	现浇混凝土模板 墙支撑高度超过3.6m 增加3m 以内 钢支撑	m²	模板支撑高度>3.6m 时,按超过部分全部面积计算工程量

3)柱的属性定义

（1）矩形框架柱 KZ1

①在模块导航栏中单击"柱"→"柱",单击"定义"按钮,进入柱的定义界面。在构件列表中单击"新建"→"新建矩形柱",如图2.11 所示。

图2.11

②在属性编辑框中输入相应的属性值,框架柱的属性定义如图2.12 所示。

（2）圆形框架柱 KZ2

单击"新建"→"新建圆形柱",方法同矩形框架柱的属性定义。圆形框架柱属性定义如图2.13 所示。

属性编辑框		𝄞 ×
属性名称	属性值	附加
名称	KZ-1 -0.1~1	
类别	框架柱	☐
材质	现浇混凝土	☐
砼标号	(C30)	☐
砼类型	(泵送砼 (坍	☐
截面宽度(	600	☐
截面高度(	600	☐
截面面积(m	0.36	☐
截面周长(m	2.4	☐
顶标高(m)	层顶标高	☐
底标高(m)	层底标高	☐
模板类型	组合钢模板	☐
支撑类型	钢支撑	☐
是否为人防	否	☐
备注		☐
⊞ 计算属性		

图 2.12

属性编辑框		𝄞 ×
属性名称	属性值	附加
名称	KZ-2 -0.1	
类别	框架柱	☐
材质	现浇混凝	☐
砼标号	(C30)	☐
砼类型	(泵送砼 (	☐
半径(mm)	425	☐
截面面积(m	0.567	☐
截面周长(m	2.67	☐
顶标高(m)	层顶标高	☐
底标高(m)	层底标高	☐
模板类型	组合钢模	☐
支撑类型	钢支撑	☐
是否为人防	否	☐
备注		☐
⊞ 计算属性		
⊞ 显示样式		

图 2.13

（3）参数化端柱 GDZ1

①新建柱,选择"新建参数化柱"。

②在弹出的"选择参数化图形"对话框中,选择"参数化截面类型"为"端柱",选择"DZ-a2",输入参数 a = 250, b = 0, c = 350, d = 300, e = 350, f = 250,如图 2.14 所示。

图 2.14

③参数化端柱的属性定义,如图 2.15 所示。

属性名称	属性值	附加
名称	GDZ1 -0.1~15.5	
类别	框架柱	☐
材质	现浇混凝土	☐
砼标号	(C25)	☐
砼类型	(泵送砼)(坍落度	☐
截面形状	DZ-a2形	☐
截面宽度(	500	☐
截面高度(	600	☐
截面面积(m	0.24	☐
截面周长(m	2.2	☐
顶标高(m)	层顶标高	☐
底标高(m)	层底标高	☐
模板类型		☐
支撑类型		☐
是否为人防	否	☐
备注		☐
⊞ 计算属性		

图 2.15

4)做法套用

柱构件定义好后,需要进行套用做法操作。套用做法是指构件按照计算规则计算汇总出做法工程量,方便进行同类项汇总,同时与计价软件数据接口。构件套用做法,可以通过手动添加清单定额、查询清单定额库添加、查询匹配清单定额添加、查询匹配外部清单添加来进行。

①KZ1 的做法套用,如图 2.16 所示。

	编码	类别	项目名称	项目特征	单位	工程量表达式	表达式说明
1	－ 010502001	项	矩形柱	1. 混凝土种类:泵送砼 2. 混凝土强度等级: C30	m3	TJ	TJ<体积>
2	── A5-109	定	商品砼构件 地面以上输送高度30m以内 墙柱		m3	TJ	TJ<体积>
3	－ 011702002	项	矩形柱模板	1. 竹胶合板模板 钢支撑	m2	MBMJ	MBMJ<模板面积>
4	── A13-20	定	现浇砼模板 矩形柱 竹胶合板模板 钢支撑		m2	MBMJ	MBMJ<模板面积>
5	── A13-22	定	现浇砼模板 柱支撑高度超过3.6m 增加3m以内 钢支撑		m2	CGMBMJ	CGMBMJ<超高模板面积>

图 2.16

②GDZ1 的做法套用,如图 2.17 所示。

	编码	类别	项目名称	项目特征	单位	工程量表达式	表达式说明
1	－ 010504001	项	直形墙	1. 混凝土种类: 泵送砼 2. 混凝土强度等级: C30	m3	TJ	TJ<体积>
2	── A5-109	定	商品砼构件 地面以上输送高度30m以内 墙柱		m3	TJ	TJ<体积>
3	－ 011702011	项	直形墙模板	1. 竹胶合板模板 钢支撑	m2	MBMJ	MBMJ<模板面积>
4	── A13-31	定	现浇砼模板 直形墙 竹胶合板模板 钢支撑		m2	MBMJ	MBMJ<模板面积>
5	── A13-35	定	现浇砼模板 墙支撑高度超过3.6m 增加3m以内 钢支撑		m2	CGMBMJ	CGMBMJ<超高模板面积>

图 2.17

5)柱的画法讲解

柱定义完毕后,单击"绘图"按钮,切换到绘图界面。

(1)点绘制

通过构件列表选择要绘制的构件 KZ1,鼠标捕捉②轴与Ⓔ轴的交点,直接单击鼠标左键,即可完成柱 KZ1 的绘制,如图 2.18 所示。

图 2.18

(2)偏移绘制

偏移绘制常用于绘制不在轴线交点处的柱,④轴上的 KZ4 不能直接用鼠标选择点绘制,需要使用"Shift 键 + 鼠标左键"相对于基准点偏移绘制。

①把鼠标放在Ⓑ轴和④轴的交点处,同时按下键盘上的"Shift"键和鼠标左键,弹出"输入偏移量"对话框。由图纸可知,KZ4 的中心相对于Ⓑ轴与④轴交点向下偏移 2250mm,在对话框中输入 X = "0",Y = " - 2000 - 250",表示水平方向偏移量为 0,竖直方向向下偏移 2250mm,如图 2.19 所示。

图 2.19

②单击"确定"按钮,KZ4 就偏移到指定位置了,如图 2.20 所示。

图 2.20

四、任务结果

单击模块导航栏的"报表预览",单击"清单定额汇总表",单击"设置报表范围",只选择"框架柱",单击"确定"按钮即可查看框架柱和端柱的清单定额量,如表 2.4 所示。

表 2.4 柱清单定额量

序号	编码	项目名称及特征	单位	工程量
1	010502001001	矩形柱 1.混凝土种类:泵送混凝土 2.混凝土强度等级:C30	m^3	32.787
	A5-109	商品混凝土构件 地面以上输送高度30m 以内 柱	$100m^3$	0.3279
2	010502003001	异形柱 1.柱形状:圆柱 2.混凝土种类:泵送混凝土 3.混凝土强度等级:C30	m^3	12.0837
	A5-109	商品混凝土构件 地面以上输送高度30m 以内 柱	$100m^3$	0.1208
3	010504001001	直形墙 1.混凝土种类:泵送混凝土 2.混凝土强度等级:C30	m^3	26.793
	A5-109	商品混凝土构件 地面以上输送高度30m 以内 墙	$100m^3$	0.2679

五、总结拓展

镜　像

通过图纸分析可知,①—⑤轴的柱与⑥—⑪轴的柱是对称的,因此在绘图时可以使用一种简单的方法:先绘制①—⑤轴的柱,然后使用"镜像"功能绘制⑥—⑪轴的柱。

选中①—⑤轴间的柱,单击右键选择"镜像"按钮,把显示栏的"中点"点中,补捉⑤—⑥轴的中点,可以看到屏幕上有一个黄色的三角形(见图2.21),选中第二点(见图2.22),单击右键确定即可。

如图2.22所示,在显示栏的地方会提示需要进行的下一步操作。

图 2.21

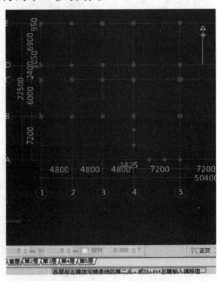

图 2.22

思考与练习

(1)在绘图界面怎样调出柱属性编辑框对图元属性进行修改?

(2)在参数化柱模型中找不到的异形柱如何定义?

(3)在柱定额子目中找不到所需要的子目,如何定义该柱构件做法?

2.2.2 首层剪力墙的工程量计算

通过本小节的学习,你将能够:

(1)掌握连梁在软件中的处理方法;

(2)定义墙的属性;

(3)绘制墙图元;

(4)统计本层墙的阶段性工程量。

一、任务说明

①完成首层剪力墙的属性定义、做法套用及图元绘制。

②汇总计算,统计本层剪力墙的工程量。

二、任务分析

①剪力墙在计量时的主要尺寸是哪些?从什么图中什么位置找到?

②剪力墙的暗柱、端柱分别是如何套用清单定额的?如何用直线、偏移命令来绘制墙?

③当剪力墙墙中心线与轴线不重合时,该如何处理?

④电梯井壁剪力墙的施工措施有什么不同?

三、任务实施

1)分析图纸

(1)分析剪力墙

分析《办公大厦建筑工程图》结施-5、结施-1,得出剪力墙墙身表,如表2.5所示。

表2.5　剪力墙墙身表

序号	类型	名称	混凝土标号	墙厚(mm)	标高	备注
1	外墙	Q-1	C30	250	−0.1 ~ +3.8	
2	内墙	Q1	C30	250	−0.1 ~ +3.8	
3	内墙	Q1 电梯	C30	250	−0.1 ~ +3.8	
4	内墙	Q2 电梯	C30	200	−0.1 ~ +3.8	
5	内墙	Q2 电梯内	C30	200	−0.1 ~ +3.8	

(2)分析连梁

连梁是剪力墙的一部分。

①结施-5 中①轴和⑪轴的剪力墙上有 LL4,尺寸为 250mm × 1200mm,梁顶相对标高差 +0.6m;建施-3 中 LL4 下方是 LC3,尺寸为 1500mm × 2700mm;建施-12 中 LC3 离地高度 600mm。可以得知,剪力墙 Q-1 在ⓒ轴和①轴之间只有 LC3。因此,可以直接绘制 Q-1,然后绘制 LC3,不用绘制 LL4。

②结施-5 中④轴和⑦轴的剪力墙上有 LL1,建施-3 中 LL1 下方没有门窗洞,可以在 LL1 处把剪力墙断开,然后绘制 LL1。

③结施-5 中④轴电梯洞口处 LL2、建施-3 中 LL3 下方没有门窗洞,如果按段绘制剪力墙不易找交点,所以剪力墙 Q1 通画,然后绘制洞口,不绘制 LL2。

做工程时遇到剪力墙上是连梁下是洞口的情况,可以比较②与③哪个更方便使用一些。

本工程采用③的方法对连梁进行处理,绘制洞口在绘制门窗时介绍,Q1 通长绘制暂不作处理。

（3）分析暗梁、暗柱

暗梁、暗柱是剪力墙的一部分。类似 YJZ1 这种和墙厚一样的暗柱,此位置的剪力墙通长绘制,YJZ1 不再进行绘制。类似 GDZ1 这种暗柱,把其定义为异形柱并进行绘制,在做法套用时按照剪力墙的做法套用清单、定额。

2）现浇混凝土墙清单、定额计算规则学习

（1）清单计算规则（见表 2.6）

表 2.6　墙清单计算规则

编号	项目名称	单位	计算规则
010504001	直形墙	m³	按设计图示尺寸以体积计算,扣除门窗洞口及单个面积 >0.3m² 的孔洞所占体积,墙垛及突出墙面部分并入墙体体积内计算
011702011	直形墙模板	m²	按模板与现浇混凝土构件的接触面积计算

（2）定额计算规则（见表 2.7）

表 2.7　墙定额计算规则

编号	项目名称	单位	计算规则
A5-109	商品混凝土构件 地面以上输送高度 30m 以内 墙	m³	按设计图示尺寸以体积计算。不扣除构件内钢筋、预埋铁件所占体积。扣除门窗洞口及单个面积 >0.3m² 的孔洞所占体积,墙垛及突出墙面部分并入墙体体积内计算
A13-31	现浇混凝土模板 直形墙 竹胶合板模板 钢支撑	m²	按模板与现浇混凝土构件的接触面积计算,附墙柱侧面积并入墙模板工程量,单孔面积 ≤0.3m² 的孔洞不予扣除,洞侧壁模板亦不增加；>0.3m² 的孔洞应予扣除,洞侧壁模板面积并入墙模板工程量中
A13-35	现浇混凝土模板 墙支撑高度超过 3.6m 增加3m 以内 钢支撑	m²	模板支撑高度 >3.6m 时,按超过部分全部面积计算工程量

3）墙的属性定义

（1）新建外墙

在模块导航栏中选择"墙"→"墙",单击"定义"按钮,进入墙的定义界面,在构件列表中单击"新建"→"新建外墙",如图 2.23 所示。在属性编辑框中对图元属性进行编辑,如图2.24 所示。

图 2.23

图 2.24　　　　　　　　　　　　　　图 2.25

（2）通过复制建立新构件

通过对图纸进行分析可知,Q-1 和 Q1 的材质、高度是一样的,区别在于墙体的名称和厚度不同。选中"构件 Q-1",单击右键选择"复制"（见图 2.25）,软件自动建立名为"Q-2"的构件,然后对 Q-2 进行属性编辑,外墙改为内墙并改名为 Q1。

4）做法套用

①Q-1 的做法套用,如图 2.26 所示。

②Q-1 电梯的做法套用,如图 2.27 所示。

	编码	类别	项目名称	项目特征	单位	工程量表达式	表达式说明
1	⊟ 010504001	项	直形墙	1. 混凝土种类：泵送砼 2. 混凝土强度等级：C30	m3	JLQTJQD	JLQTJQD〈剪力墙体积（清单）〉
2	A5-109	定	商品砼构件 地面以上输送高度30m以内 墙柱		m3	TJ	TJ〈体积〉
3	⊟ 011702011	项	直形墙模板	1. 竹胶合板模板 钢支撑	m2	JLQMBMJQD	JLQMBMJQD〈剪力墙模板面积（清单）〉
4	A13-31	定	现浇砼模板 直形墙 竹胶合板模板 钢支撑		m2	MBMJ	MBMJ〈模板面积〉
5	A13-35	定	现浇砼模板 墙支撑高度超过3.6m 增加3m以内 钢支撑		m2	CGMBMJ	CGMBMJ〈超高模板面积〉

图 2.26

	编码	类别	项目名称	项目特征	单位	工程量表达式	表达式说明
1	⊟ 010504001	项	直形墙	1. 混凝土种类：泵送砼 2. 混凝土强度等级：C30	m3	JLQTJQD	JLQTJQD〈剪力墙体积（清单）〉
2	A5-109	定	商品砼构件 地面以上输送高度30m以内 墙柱		m3	TJ	TJ〈体积〉
3	⊟ 011702011	项	直形墙模板	1. 电梯井壁 竹胶合板模板 钢支撑	m2	JLQMBMJQD	JLQMBMJQD〈剪力墙模板面积（清单）〉
4	A13-32	定	现浇砼模板 电梯井壁 竹胶合板模板 钢支撑		m2	MBMJ	MBMJ〈模板面积〉
5	A13-35	定	现浇砼模板 墙支撑高度超过3.6m 增加3m以内 钢支撑		m2	CGMBMJ	CGMBMJ〈超高模板面积〉

图 2.27

5）画法讲解

剪力墙定义完毕后，单击"绘图"按钮，切换到绘图界面。

（1）直线绘制

通过构件列表选择要绘制的构件 Q-1，鼠标左键单击 Q-1 的起点①轴与Ⓑ轴的交点，鼠标左键单击 Q-1 的终点①轴与Ⓔ轴的交点即可。

（2）偏移

①轴的 Q-1 绘制完成后与图纸进行对比，发现图纸上位于①轴线上的 Q-1 并非居中于轴线，选中 Q-1，单击"偏移"，输入"175"，如图 2.28 所示。在弹出的"是否要删除原来图元"对话框中，选择"是"按钮即可。

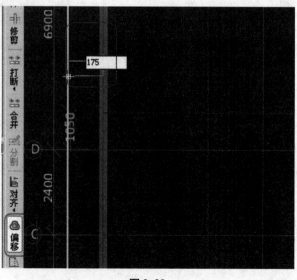

图 2.28

（3）借助辅助轴线绘制墙体

从图纸上可知，Q2 电梯的墙体并非位于轴线上，这时需要针对 Q2 电梯的位置建立辅助轴线。参见建施-3、建施-15，确定 Q2 电梯的位置，单击"辅助轴线""平行"，再单击④轴，在弹出的对话框中"偏移距离 mm"输入"－2425"，然后单击"确定"按钮；再选中Ⓔ轴，在弹出的对话框中"偏移距离 mm"输入"－950"；再选中Ⓓ轴，在弹出的对话框中"偏移距离 mm"输入"1050"。辅助轴线建立完毕，在"构件列表"中选择 Q2 电梯，在黑色绘图界面进行 Q2 电梯的绘制，绘制完成后单击"保存"按钮。

四、任务结果

绘制完成后进行汇总计算，按"F9"键查看报表，单击"设置报表范围"，只选择"墙"的报表范围，单击"确定"按钮，如图 2.29 所示。首层剪力墙清单定额量如表 2.8 所示。

图 2.29

表 2.8　首层剪力墙清单定额量

序号	编码	项目名称及特征	单位	工程量
1	010504001001	直形墙 1. 混凝土强度等级：C30	m³	53.01
	A5-109	商品混凝土构件 地面以上输送高度 30m 以内 墙	m³	53.01

五、总结拓展

①虚墙只起分割封闭作用，不计算工程量，也不影响工程量的计算。

②在对构件进行属性编辑时，属性编辑框中有两种颜色的字体：蓝色字体和灰色字体。蓝色字体显示的是构件的公有属性，灰色字体显示的是构件的私有属性，对公有属性部分进行操作，所做的改动对所有同名称构件起作用。

③对属性编辑框中"附加"进行勾选，方便用户对所定义的构件进行查看和区分。

④软件对内外墙定义的规定：软件为方便外墙布置，建筑面积、平整场地等部分智能布置功能，需要人为区分内、外墙。

思考与练习

(1)Q1 为什么要区别内、外墙定义?

(2)电梯井壁墙的内侧模板是否存在超高?

(3)电梯井壁墙的内侧模板和外侧模板是否套用的为同一定额?

2.2.3 首层梁的工程量计算

通过本小节的学习,你将能够:

(1)依据定额和清单分析梁的工程量计算规则;

(2)定义梁的属性;

(3)绘制梁图元;

(4)统计梁工程量。

一、任务说明

①完成首层梁的属性定义、做法套用及图元绘制。

②汇总计算,统计本层梁的工程量。

二、任务分析

①梁在计量时的主要尺寸是哪些? 从什么图中什么位置能找到? 有多少种梁?

②梁是如何套用清单、定额的? 软件中如何处理变截面梁?

③梁的标高如何调整? 起点顶标高和终点顶标高不同会有什么结果?

④绘制梁时如何使用"Shift + 左键"实现精确定位?

⑤各种不同名称梁如何能快速套用做法?

三、任务实施

1)分析图纸

①分析结施-5,从左至右、从上至下,本层有框架梁、屋面框架梁、非框架梁、悬梁4 种。

②框架梁 KL1 ~ KL8,屋面框架梁 WKL1 ~ WKL3,非框架梁 L1 ~ L12,悬梁 XL1,主要信息如表2.9 所示。

表 2.9　梁表

序号	类型	名称	混凝土标号	截面尺寸(mm)	顶标高	备注
1	框架梁	KL1	C30	250×500　250×650	层顶标高	变截面
		KL2	C30	250×500　250×650	层顶标高	变截面
		KL3	C30	250×500	层顶标高	
		KL4	C30	250×500　250×650	层顶标高	变截面
		KL5	C30	250×500	层顶标高	
		KL6	C30	250×500	层顶标高	
		KL7	C30	250×600	层顶标高	
		KL8	C30	250×500　250×650	层顶标高	变截面
2	屋面框架梁	WKL1	C30	250×600	层顶标高	
		WKL2	C30	250×600	层顶标高	
		WKL3	C30	250×500	层顶标高	
3	非框架梁	L1	C30	250×500	层顶标高	
		L2	C30	250×500	层顶标高	
		L3	C30	250×500	层顶标高	
		L4	C30	200×400	层顶标高	
		L5	C30	250×600	层顶标高	
		L6	C30	250×400	层顶标高	
		L7	C30	250×600	层顶标高	
		L8	C30	200×400	层顶标高	
		L9	C30	250×600	层顶标高	
		L10	C30	250×400	层顶标高	
		L11	C30	250×600	层顶标高	
		L12	C30	250×500	层顶标高	
4	悬梁	XL1	C30	250×500	层顶标高	

2)现浇混凝土梁清单、定额规则学习

(1)清单计算规则(见表 2.10)

表2.10　梁清单计算规则

编号	项目名称	单位	计算规则
010503002	矩形梁	m³	按设计图示尺寸以体积计算。伸入墙内的梁头、梁垫并入梁体积内。梁长： 1. 梁与柱连接时，梁长算至柱侧面； 2. 主梁与次梁连接时，次梁长算至主梁侧面
011702006	矩形梁模板	m²	按模板与现浇混凝土构件的接触面积计算
010505001	有梁板	m³	按设计图示尺寸以体积计算，有梁板（包括主、次梁与板）按梁、板体积之和计算
011702014	有梁板模板	m²	按模板与现浇混凝土构件的接触面积计算

（2）定额计算规则（见表2.11）

表2.11　梁定额计算规则

编号	项目名称	单位	计算规则
A5-108	商品混凝土构件 地面以上输送高度30m以内 梁板	m³	按图示断面尺寸乘以梁长以立方米计算 1. 梁与混凝土柱连接时，梁长算至柱侧面；梁与混凝土墙连接时，梁长算至墙侧面。 2. 主梁与次梁连接时，次梁长算至主梁侧面。伸入砌体墙、柱内的梁头，梁垫体积并入梁体积内计算
A13-36	现浇混凝土模板 有梁板 竹胶合板模板 钢支撑	m²	梁模板及支架按展开面积计算，不扣除梁与梁连接重叠部分的面积。梁侧的出沿按展开面积并入梁模板工程量中
A13-30	现浇混凝土模板 梁支撑高度超过3.6m 增加3m以内 钢支撑	m²	模板支撑高度>3.6m时，按超过部分全部面积计算工程量

3）梁的属性定义

（1）框架梁

在模块导航栏中单击"梁"→"梁"，单击"定义"按钮，进入梁的定义界面，在构件列表中单击"新建"→"新建矩形梁"，新建矩形梁KL1，根据KL1（9）在图纸中的集中标注，在属性编辑框中输入相应的属性值，如图2.30所示。

（2）屋框梁

屋框梁的属性定义同上面框架梁，如图2.31所示。

图2.30   图2.31

4）梁做法套用

梁构件定义好后，需要进行做法套用操作，如图2.32所示。

	编码	类别	项目名称	项目特征	单位	工程量表达式	表达式说明
1	⊟ 010505001	项	有梁板	1. 混凝土种类：泵送砼 2. 混凝土强度等级：C30	m3	TJ	TJ〈体积〉
2	A5-108	定	商品砼构件 地面以上输送高度30m以内 梁板		m3	TJ	TJ〈体积〉
3	⊟ 011702014	项	有梁板	1. 现浇砼梁模板 2. 竹胶合板模板 钢支撑	m2	MBMJ	MBMJ〈模板面积〉
4	A13-36	定	现浇砼模板 有梁板 竹胶合板模板 钢支撑		m2	MBMJ	MBMJ〈模板面积〉
5	A13-30	定	现浇砼模板 梁支撑高度超过3.6m 增加3m以内 钢支撑		m2	CGMBMJ	CGMBMJ〈超高模板面积〉

图2.32

5）梁画法讲解

（1）直线绘制

在绘图界面，单击"直线"，单击梁的起点①轴与Ⓓ轴的交点，然后单击梁的终点④轴与Ⓓ轴的交点即可，如图2.33所示。

（2）镜像绘制梁图元

①—④轴间Ⓓ轴上的KL1与⑦—⑪轴间Ⓓ轴上的KL1是对称的，因此可以采用"镜像"绘制此图元。点选镜像图元，单击右键选择"镜像"，单击对称点一，再单击对称点二，在弹出的对话框中选择"否"即可。

四、任务结果

①参照KL1、WKL1属性的定义方法，将KL2～KL8，WKL2、WKL3，L1～L12，XL1按图纸要求定义。

图 2.33

②用直线、对齐、镜像等方法将 KL2 ～ KL8，WKL2、WKL3，L1 ～ L12，XL1 按图纸要求绘制。绘制完成后如图 2.34 所示。

图 2.34

③汇总计算，统计本层梁的工程量，如表 2.12 所示。

表 2.12　梁清单定额量

序号	编码	项目名称及特征	单位	工程量
1	010505001001	有梁板 1.混凝土种类:泵送混凝土 2.混凝土强度等级:C30	m³	59.3141
	A5-108	商品混凝土构件 地面以上输送高度 30m 以内 梁板	100m³	0.5931

五、总结拓展

①⑥—⑦轴与Ⓓ—Ⓔ轴间的梁标高比层顶标高低0.05,汇总之后选择图元,右键单击属性编辑框,可以单独修改该梁的私有属性,更改标高。

②KL1、KL2、KL4、KL8 在图纸上有两种截面尺寸,软件是不能定义同名称构件的,因此在定义时需重新加下脚标定义。

③绘制梁构件时,一般先横向后竖向,先框架梁后次梁,避免遗漏。

思考与练习

(1)梁属于线性构件,那么梁可不可以使用矩形绘制?如果可以,哪些情况适合用矩形绘制?

(2)智能布置梁后,位置与图纸位置不一样,该怎样调整?

2.2.4 首层板的工程量计算

通过本小节的学习,你将能够:

(1)依据定额和清单分析现浇板的工程量计算规则;

(2)定义板的属性;

(3)绘制板;

(4)统计首层板的工程量。

一、任务说明

①完成首层板的属性定义、做法套用及图元绘制。

②汇总计算,统计本层板的工程量。

二、任务分析

①首层板在计量时的主要尺寸是哪些?从什么图中什么位置找到?有多少种板?

②板是如何套用清单定额的?

③板的绘制方法有几种?

④各种不同名称板如何能快速套用做法?

三、任务实施

1)分析图纸

分析结施-12可以得到板的截面信息,包括屋面板与普通楼板,主要信息如表2.13所示。

表2.13 板表

序号	类型	名称	混凝土标号	板厚 h(mm)	板顶标高	备注
1	屋面板	WB1	C30	100	层顶标高	
2	普通楼板	LB2	C30	120	层顶标高	
		LB3	C30	120	层顶标高	
		LB4	C30	120	层顶标高	
		LB5	C30	120	层顶标高	
		LB6	C30	120	层顶标高,−0.050	
3	未注明板	Ⓔ轴向外	C30	120	层顶标高	

2)现浇板清单、定额计算规则学习

(1)清单计算规则(见表2.14)

表2.14 板清单计算规则

编号	项目名称	单位	计算规则
010505001	有梁板	m^3	按设计图示尺寸以体积计算,有梁板(包括主、次梁与板)按梁、板体积之和计算
011702014	有梁板模板	m^2	按模板与现浇混凝土构件的接触面积计算

(2)定额计算规则(见表2.15)

表2.15 板定额计算规则

编号	项目名称	单位	计算规则
A5-108	商品混凝土构件 地面以上输送高度30m 以内 梁板	m^3	按图示面积乘以板厚以立方米计算,其中: 1.有梁板包括主、次梁与板,按梁、板体积之和计算。 2.无梁板按板(包括其边梁)和柱帽体积之和计算。 3.平板按板实体积计算。 4.现浇挑檐天沟与板(包括屋面板、楼板)连接时,以外墙为分界线;与圈梁(包括其他梁)连接时,以梁外边线为分界线。外墙边线以外或梁外边线以外为挑檐天沟。 5.各类板伸入砌体墙内的板头并入板体积内计算
A13-36	现浇混凝土模板 有梁板 竹胶合板模板 钢支撑	m^2	按混凝土与模板接触面的面积以平方米计算。 1.有梁板:主梁算至柱或混凝土墙侧面;次梁算至主梁侧面;伸入砌体墙内的梁头与梁垫模板并入梁内;板算至梁的侧面。 2.无梁板:板算至边梁的侧面,柱帽部分按接触面积计算工程量套用柱帽项目; 3.圆弧形梁板增加费工程量按延长米计算。圆弧形板(包括板与弧形墙、柱相交接迹线)按弧形延长米乘0.5计算
A13-41	板支撑高度3.6m 以上 每增1m	m^2	模板支撑高度>3.6m时,按超过部分全部面积计算工程量

3）板的属性定义

（1）楼板

在模块导航栏中单击"板"→"现浇板"，单击"定义"按钮，进入板的定义界面，在构件列表中单击"新建"→"新建现浇板"，新建现浇板 LB2，根据 LB2 在图纸中的尺寸标注，在属性编辑框中输入相应的属性值，如图 2.35 所示。

（2）屋面板

屋面板的属性定义与楼板的属性定义完全相似，如图 2.36 所示。

属性编辑框		
属性名称	属性值	附加
名称	LB-2	
类别	有梁板	☐
砼标号	(C30)	☐
砼类型	(泵送砼(	☐
厚度(mm)	(120)	☐
顶标高(m)	层顶标高	☐
是否是楼板	是	☐
是否是空心	否	☐
图元形状	平板	☐
模板类型	组合钢模	☐
支撑类型	钢支撑	☐
备注		☐
⊞ 计算属性		
⊞ 显示样式		

图 2.35

属性编辑框		
属性名称	属性值	附加
名称	WB1	
类别	有梁板	☐
砼标号	(C30)	☐
砼类型	(泵送砼(	☐
厚度(mm)	100	☐
顶标高(m)	层顶标高	☐
是否是楼板	是	☐
是否是空心	否	☐
图元形状	平板	☐
模板类型	组合钢模	☐
支撑类型	钢支撑	☐
备注		☐
⊞ 计算属性		
⊞ 显示样式		

图 2.36

4）做法套用

板构件定义好后，需要进行做法套用操作，如图 2.37 所示。

	编码	类别	项目名称	项目特征	单位	工程量表达式	表达式说明
1	− 010505001	项	有梁板	1. 混凝土种类：泵送砼 2. 混凝土强度等级：C30	m3	TJ	TJ<体积>
2	A5-108	定	商品砼构件 地面以上输送高度30m以内 梁板		m3	TJ	TJ<体积>
3	− 011702014	项	有梁板模板	1. 现浇板模板 2. 竹胶合板模板 钢支撑	m2	MBMJ	MBMJ<底面模板面积>
4	A13-36	定	现浇砼模板 有梁板 竹胶合板模板 钢支撑		m2	MBMJ	MBMJ<底面模板面积>
5	A13-41	定	现浇砼模板 板支撑高度超过3.6m 增加3m以内 钢支撑		m2	CGMBMJ	CGMBMJ<超高模板面积>

图 2.37

5）板画法讲解

（1）点画绘制板

以 WB1 为例，定义好屋面板后，单击"点画"，在 WB1 区域单击左键，WB1 即可布置，如图 2.38 所示。

（2）直线绘制板

仍以 WB1 为例，定义好屋面板后，单击"直线"，左键单击 WB1 边界区域的交点，围成一个封闭区域，WB1 即可布置，如图 2.39 所示。

图 2.38

图 2.39

四、任务结果

①根据上述屋面板、普通楼板的定义方法,将本层剩下的 LB3、LB4、LB5、LB6 定义好。

②用点画、直线、矩形等法将①轴与⑪轴间的板绘制好,绘制完成后如图 2.40 所示。

图 2.40

③汇总计算,统计本层板的工程量,如表 2.16 所示。

表 2.16 板清单定额量

序号	编码	项目名称及特征	单位	工程量
1	010505001001	有梁板 1.混凝土种类:泵送混凝土 2.混凝土强度等级:C30	m³	80.2325
	A5-108	商品混凝土构件 地面以上输送高度30m以内 梁板	100m³	0.8021
2	010505003001	平板 1.混凝土种类:泵送混凝土 2.混凝土强度等级:混凝土强度等级:C30	m³	1.0138
	A5-108	商品混凝土构件 地面以上输送高度30m以内 梁板	100m³	0.0101

五、总结拓展

①⑥—⑦轴与Ⓓ—Ⓔ轴间的板顶标高低于层顶标高 0.05 m,在绘制板后可以通过单独调整这块板的属性来调整标高。

②Ⓑ轴与Ⓒ轴之间,左边与右边的板可以通过镜像绘制,绘制方法与柱镜像绘制方法相同。

③板属于面式构件,绘制方法和其他面式构件相似。

思考与练习

(1)用点画法绘制板需要注意哪些事项?对绘制区域有什么要求?

(2)有梁板时,板与梁相交时的扣减原则是什么?

2.2.5　首层填充墙的工程量计算

通过本小节的学习,你将能够:

(1)依据定额和清单分析填充墙的工程量计算规则;

(2)运用点加长度绘制墙图元;

(3)统计本层填充墙的阶段性工程量。

一、任务说明

①完成首层填充墙的属性定义、做法套用及图元绘制。

②汇总计算,统计本层填充墙的工程量。

二、任务分析

①首层填充墙在计量时的主要尺寸是哪些? 从什么图中什么位置找到? 有多少种类的墙?

②填充墙不在轴线上时如何使用点加长度绘制?

③填充墙中清单计算的厚度与定额计算的厚度不一致,该如何处理? 墙的清单项目特征描述是如何影响定额匹配的?

④虚墙的作用是什么? 如何绘制?

三、任务实施

1)分析图纸

分析建施-0、建施-3、建施-10、建施-11、建施-12、结施-8,可以得到填充墙的信息,如表2.17所示。

表2.17　填充墙表

序号	类型	砌筑砂浆	材质	墙厚(mm)	标高	备注
1	砌块外墙	M5 混合砂浆	陶粒空心砖	250	−0.1 ~ +3.8	梁下墙
2	框架间墙	M5 混合砂浆	陶粒空心砖	200	−0.1 ~ +3.8	梁下墙
3	砌块内墙	M5 混合砂浆	陶粒空心砖	250	−0.1 ~ +3.8	梁下墙

2)填充墙清单、定额计算规则学习

(1)清单计算规则(见表2.18)

表2.18　填充墙清单计算规则

编号	项目名称	单位	计算规则
010401008	填充墙	m³	按设计图示尺寸以填充墙外形体积计算

（2）定额计算规则（见表 2.19）

表 2.19　填充墙定额计算规则

编号	项目名称	单位	计算规则
A4-45	加气混凝土砌块	m³	1.框架间砌体,按框架间的净空面积乘以墙厚计算,框架柱外表镶贴砖部分并入框架间砌体工程量内计算; 2.框架结构间、预制柱间砌砖墙、混凝土小型空心砌块墙按相应项目人工乘以系数 1.10

3）填充墙的属性定义

新建砌块填充墙的方法参见新建剪力墙的方法,这里只是简单地介绍一下新建砌块墙需要注意的地方。

内/外墙标志:外墙和内墙要区别定义,除了对自身工程量有影响外,还影响其他构件的智能布置。这里可以根据工程实际需要对标高进行定义,如图 2.41 和图 2.42 所示。本工程是按照软件默认的高度进行设置,软件会根据定额的计算规则对砌块墙和混凝土相交的地方进行自动处理。

属性名称	属性值	附加
名称	Q3	
类别	砌体墙	☑
材质	砌块	☐
砂浆标号	(M5)	☐
砂浆类型	(混合砂浆)	☐
厚度(mm)	250	☑
起点顶标高	层顶标高	☐
终点顶标高	层顶标高	☐
起点底标高	层底标高	☐
终点底标高	层底标高	☐
轴线距左墙	(125)	☐
内/外墙标	外墙	☑
砌筑方式	一眠一斗	☐
工艺		☐
图元形状	直形	☐

图 2.41

属性名称	属性值	附加
名称	Q4	
类别	砌体墙	☑
材质	砌块	☐
砂浆标号	(M5)	☐
砂浆类型	(混合砂浆)	☐
厚度(mm)	200	☑
起点顶标高	层顶标高	☐
终点顶标高	层顶标高	☐
起点底标高	层底标高	☐
终点底标高	层底标高	☐
轴线距左墙	(100)	☐
内/外墙标	内墙	☑
砌筑方式	一眠一斗	☐
工艺		☐
图元形状	直形	☐

图 2.42

4）做法套用

砌块墙做法套用,如图 2.43 所示。

	编码	类别	项目名称	项目特征	单位	工程量表达式	表达式说明
1	- 010402001	项	砌块墙	1.砌块品种、规格、强度等级:200厚加气砼砌块 2.墙体类型:砌体墙 3.砂浆强度等级:M5混合砂浆	m3	TJ	TJ<体积>
2	A4-45	定	加气混凝土砌块		m3	TJ	TJ<体积>

图 2.43

5)画法讲解

点加直线:建施-3 中在②轴、Ⓑ轴向下有一段墙体长 1025mm(中心线距离),单击"点加长度",再单击起点Ⓑ轴与②轴相交点,然后向上找到Ⓒ轴与②轴相交点单击一下,弹出"点加长度设置"对话框,在"反向延伸长度(mm)"中输入"1025",然后单击"确定"按钮,如图 2.44所示。

图 2.44

四、任务结果

①按照"点加长度"的画法,把②轴、Ⓔ轴向上,⑨轴、Ⓔ轴向上等相似位置的砌体墙绘制好。

②汇总计算,统计本层填充墙的工程量,如表 2.20 所示。

表 2.20　填充墙的清单定额量

序号	编码	项目名称及特征	单位	工程量
1	010402001001	砌块墙 1. 砌块品种、规格、强度等级:250mm 厚加气混凝土砌块 2. 墙体类型:砌体墙 3. 砂浆强度等级:M5 混合砂浆	m³	68.5313
	A4-45	加气混凝土砌块	10m³	6.8531
2	010402001002	砌块墙 1. 砌块品种、规格、强度等级:200mm 厚加气混凝土砌块 2. 墙体类型:砌体墙 3. 砂浆强度等级:M5 混合砂浆	m³	94.4383
	A4-45	加气混凝土砌块	10m³	9.4438

续表

序号	编码	项目名称及特征	单位	工程量
3	010402001003	砌块墙 1.砌块品种、规格、强度等级:100mm 厚加气混凝土砌块 2.墙体类型:砌体墙 3.砂浆强度等级:M5 混合砂浆	m³	2.0241
	A4-45	加气混凝土砌块	10m³	0.2024

五、总结拓展

①用"Shift＋左键"可绘制偏移位置的墙体。在直线绘制墙体的状态下,按住"Shift"键,同时单击⑤轴和Ⓓ轴的相交点,弹出"输入偏移量"对话框,在"X＝"的地方输入"－3000",单击"确定"按钮后向着垂直Ⓔ轴的方向绘制墙体。

②做实际工程时,要依据图纸对各个构件进行分析,确定构件需要计算的内容和方法,对软件所计算的工程量进行分析核对。在本小节主要介绍了"点加长度"和"Shift＋左键"的方法绘制墙体,在应用时可以依据图纸分析哪个功能帮助我们快速绘制图元。

思考与练习

(1)思考"Shift＋左键"的方法还可以应用在哪些构件的绘制中?

(2)框架间墙的长度怎样计算?

(3)在定义墙构件属性时为什么要区分内外墙的标志?

2.2.6　首层门窗、洞口、壁龛的工程量计算

通过本小节的学习,你将能够:

(1)定义门窗洞口;

(2)绘制门窗图元;

(3)统计本层门窗的工程量。

一、任务说明

①完成首层门窗、洞口的属性定义、做法套用及图元绘制。

②使用精确和智能布置绘制门窗。

③汇总计算,统计本层门窗的工程量。

二、任务分析

①首层门窗的尺寸种类有多少?影响门窗位置的离地高度如何设置?门窗在墙中是如

何定位的?

②门窗的清单与定额如何匹配?

③不精确布置门窗有可能影响哪些项目的工程量?

三、任务实施

1)分析图纸

分析图纸建施-3、结施-5,可以得到门窗的信息,如表2.21所示。

表2.21　门窗表

序号	名称	数量(个)	宽(mm)	高(mm)	离地高度(mm)	备注
1	M1	10	1000	2100	0	
2	YFM1	2	1200	2100	0	
3	M2	1	1500	2100	0	
4	TLM1	1	3000	2100	0	
5	JXM1	1	550	2000	0	
6	JXM2	1	1200	2000	0	
7	LC3	2	1500	2700	600	
8	LC2	16	1200	2700	600	
9	LC1	10	900	2700	600	
10	MQ1	1	21000	3900	0	
11	MQ2	4	4975	3900	0	
12	电梯门洞	2	1200	2600	0	
13	走廊洞口	2	1800	2600	0	LL4下
14	LM1	1	2100	3000	0	
15	消火栓箱	1	750	1650	150	

2)清单、定额计算规则学习

(1)清单计算规则(见表2.22)

表2.22　门窗清单计算规则

编号	项目名称	单位	计算规则
010801001	木质门	m²	
010802001	金属(塑钢)门	m²	1.以樘计量,按设计图示数量计算;
010802003	钢质防火门	m²	2.以平方米计量,按设计图示洞口尺
010801004	木质防火门	m²	寸以面积计算
010807001	金属(塑钢、断桥)窗	m²	

（2）定额计算规则（见表 2.23）

表 2.23 门窗定额计算规则

编号	项目名称	单位	计算规则
B4-11	胶合板门 不带纱 不带亮子	m²	
B4-161	普通木门五金配件表 镶板门、胶合板门 不带纱扇 不带亮子	m²	按设计图示洞口尺寸以面积计算
B4-89	塑钢门窗安装 塑钢中空玻璃窗	m²	
B4-93	防火门、防火卷帘门安装 防火门 钢质	m²	
A7-28	防火门 框架式 单面石棉板 门扇制安	m²	

3）构件属性定义

（1）门的属性定义

在模块导航栏中单击"门窗洞"→"门"，单击"定义"按钮，进入门的定义界面，在构件列表中单击"新建"→"新建矩形门"，在属性编辑框中输入相应的属性值，如图 2.45 所示。

①洞口宽度、洞口高度：从门窗表中可以直接得到属性值。

②框厚：输入门实际的框厚尺寸，对墙面块料面积的计算有影响，本工程输入为"0"。

③立樘距离：门框中心线与墙中心线间的距离，默认为"0"。如果门框中心线在墙中心线左边，该值为负，否则为正。

④框左右扣尺寸、框上下扣尺寸：如果计算规则要求门窗按框外围计算，输入框扣尺寸。

（2）窗的属性定义

在模块导航栏中单击"门窗洞"→"窗"，单击"定义"按钮，进入窗的定义界面，在构件列表中单击"新建"→"新建矩形窗"，新建矩形窗 LC-2，属性定义如图 2.46 所示。

属性名称	属性值	附加
名称	M-1	
洞口宽度 (mm)	1000	□
洞口高度 (mm)	2100	□
框厚 (mm)	0	□
立樘距离 (mm)	0	□
离地高度 (mm)	0	□
框左右扣尺寸(	0	□
框上下扣尺寸(	0	□
框外围面积 (m2	2.1	□
洞口面积 (m2)	2.1	□
备注		□

图 2.45

属性名称	属性值	附加
名称	LC-2	
洞口宽度 (mm)	1200	☑
洞口高度 (mm)	2700	☑
框厚 (mm)	0	□
立樘距离 (mm)	0	□
离地高度 (mm)	600	□
框左右扣尺寸(	0	□
框上下扣尺寸(	0	□
框外围面积 (m2	3.24	□
洞口面积 (m2)	3.24	□
备注		□

图 2.46

（3）带形窗的属性定义

在模块导航栏中单击"门窗洞"→"带形窗"，单击"定义"按钮，进入带形窗的定义界面，在构件列表中单击"新建"→"新建带形窗",在属性编辑框中输入相应的属性值,如图2.47所示。带形窗不必依附墙体存在,本工程中 MQ2 不进行绘制。

（4）电梯洞口的属性定义

在模块导航栏中单击"门窗洞"→"电梯洞口",在构件列表中单击"新建"→"新建电梯洞口",其属性定义如图2.48所示。

（5）壁龛（消火栓箱）的属性定义

在模块导航栏中单击"门窗洞"→"壁龛（消火栓箱）",在构件列表中单击"新建"→"新建壁龛（消火栓）",其属性定义如图2.49所示。

属性名称	属性值
名称	MQ2
框厚(mm)	0
起点顶标高(m)	层顶标高+12.7(16.5)
起点底标高(m)	层底标高-0.35(-0.45)
终点顶标高(m)	层顶标高+12.7(16.5)
终点底标高(m)	层底标高-0.35(-0.45)
轴线距左边线	0
备注	
⊞ 显示样式	

图 2.47

属性名称	属性值	附加
名称	电梯洞口	
洞口宽度(mm)	1200	☐
洞口高度(mm)	2600	☐
离地高度(mm)	0	☐
洞口面积(m2)	3.12	
备注		☐

图 2.48

属性名称	属性值
名称	消火栓箱
洞口宽度(	750
洞口高度(	1650
壁龛深度(	100
离地高度(	150
是否为人防	否
备注	
⊞ 计算属性	
⊞ 显示样式	

图 2.49

4）做法套用

门窗的材质较多,在这里仅列举几个。

①M1 的做法套用,如图2.50所示。

编码	类别	项目名称	项目特征	单位	工程量表达式	表达式说明
⊟ 010801001	项	木质门	1. 门代号及洞口尺寸：M1 1000×2100 2. 木材面油漆做法：11ZJ001涂101 3. 底油一遍 4. 调合漆二遍	樘	SL	SL<数量>
B4-11	借	胶合板门 不带纱 不带亮子		m2	DKMJ	DKMJ<洞口面积>
B4-161	借	普通木门五金配件表 镶板门 胶合板门 不带纱扇 不带亮子		m2	DKMJ	DKMJ<洞口面积>

图 2.50

②JXM1 的做法套用,如图2.51所示。

	编码	类别	项目名称	项目特征	单位	工程量表达式	表达式说明
1	⊟ 010801004	项	木质防火门	1. 门代号及洞口尺寸：JXM1 1550×2000 2. 材质：木质丙级防火检修门	樘	SL	SL<数量>
2	A7-28	定	防火门 框架式 单面石棉板门扇制安		m2	DKMJ	DKMJ<洞口面积>

图 2.51

5）门窗洞口的画法讲解

门窗洞构件属于墙的附属构件,也就是说门窗洞构件必须绘制在墙上。

（1）点画法

门窗最常用的是点绘制。对于计算来说，一段墙扣减门窗洞口面积，只要门窗绘制在墙上即可，一般对于位置要求不用很精确，所以可以直接采用点绘制。在点绘制时，软件默认开启动态输入的数值框，可以直接输入一边距墙端头的距离，或通过"Tab"键切换输入框，如图2.52所示。

图 2.52

（2）精确布置

当门窗紧邻柱等构件布置时，考虑其上过梁与旁边的柱、墙扣减关系，需要对这些门窗精确定位。如一层平面图中的 M1 都是贴着柱边布置的。

以绘制ⓒ轴与②轴交点处的 M1 为例：先选择"精确布置"功能，再选择ⓒ轴的墙，然后指定插入点，在"偏移值（mm）"中输入"－300"，单击"确定"按钮即可，如图2.53 所示。

图 2.53

（3）打断

由建施-3 中 MQ1 的位置可以看出，起点和终点均位于外墙外边线的地方，绘制时这两个点不好捕捉，绘制好 MQ1 后单击左侧工具栏的"打断"，捕捉到 MQ1 和外墙外边线的交点，绘图界面出现黄色的小叉，然后单击右键，在弹出的"确认"对话框中选择"是"按钮。选取不需要的 MQ1，单击右键选择"删除"即可，如图2.54 所示。

图2.54

四、任务结果

汇总计算,统计本层门窗的工程量,如表2.24所示。

表2.24　门窗清单定额量

序号	编码	项目名称及特征	单位	工程量
1	010801001001	木质门 1. 门代号及洞口尺寸:M1 1000mm×2100mm 2. 木材面油漆做法:11ZJ001 涂101 3. 底油一遍 4. 调和漆两遍	樘	10
	B4-11	胶合板门 不带纱 不带亮子	100m²	0.21
	B4-161	普通木门五金配件表 镶板门、胶合板门 不带纱扇 不带亮子	100m²	0.21
2	010801001002	木质门 1. 门代号及洞口尺寸:M2 1500mm×2100mm 2. 木材面油漆做法:11ZJ001 涂101 3. 底油一遍 4. 调和漆两遍	樘	1
	B4-11	胶合板门 不带纱 不带亮子	100m²	0.0315
	B4-161	普通木门五金配件表 镶板门、胶合板门 不带纱扇 不带亮子	100m²	0.0315
3	010801004001	木质防火门 1. 门代号及洞口尺寸:JXM1 550mm×2100mm 2. 材质:木质丙级防火检修门	樘	1
	A7-28	防火门 框架式 单面石棉板 门扇制安	100m²	0.0116

续表

序号	编码	项目名称及特征	单位	工程量
4	010801004002	木质防火门 1. 门代号及洞口尺寸:JXM2 1200mm×2100mm 2. 材质:木质丙级防火检修门	樘	2
	A7-28	防火门 框架式 单面石棉板 门扇制安	100m²	0.0504
5	010802001001	金属(塑钢)门 1. 门代号及洞口尺寸:TLM1 3000mm×2100mm 2. 门框、扇材质:铝塑琉璃推拉门 3. 玻璃品种、厚度:中空玻璃	樘	1
	B4-89	塑钢门窗安装 塑钢中空玻璃窗	100m²	0.063
6	010802001002	金属(塑钢)门 1. 门代号及洞口尺寸:LM1 2100mm×3000mm 2. 门框、扇材质:铝塑玻璃平开门 3. 玻璃品种、厚度:中空玻璃	樘	1
	B4-89	塑钢门窗安装 塑钢中空玻璃窗	100m²	0.063
7	010802003001	钢质防火门 1. 门代号及洞口尺寸:YFM1 1200mm×2100mm 2. 门框、扇材质:钢质乙级防火门	樘	2
	B4-93	防火门、防火卷帘门安装 防火门 钢质	100m²	0.0504
8	010807001001	金属(塑钢、断桥)窗 1. 窗代号及洞口尺寸:LC1 900mm×2700mm 2. 框、扇材质:铝塑框、玻璃上悬窗 3. 玻璃品种、厚度:中空玻璃	樘	10
	B4-89	塑钢门窗安装 塑钢中空玻璃窗	100m²	0.243
9	010807001002	金属(塑钢、断桥)窗 1. 窗代号及洞口尺寸:LC2 1200mm×2700mm 2. 框、扇材质:铝塑框、玻璃上悬窗 3. 玻璃品种、厚度:中空玻璃	樘	24
	B4-89	塑钢门窗安装 塑钢中空玻璃窗	100m²	0.7776
10	010807001003	金属(塑钢、断桥)窗 1. 窗代号及洞口尺寸:LC3 1500mm×2700mm 2. 框、扇材质:铝塑框、玻璃上悬窗 3. 玻璃品种、厚度:中空玻璃	樘	2
	B4-89	塑钢门窗安装 塑钢中空玻璃窗	100m²	0.081

续表

序号	编码	项目名称及特征	单位	工程量
11	010807001006	金属(塑钢、断桥)窗 1. 窗代号及洞口尺寸:MQ1 21000mm×3900mm 2. 框、扇材质:铝塑框、玻璃上悬窗 3. 玻璃品种、厚度:中空玻璃	樘	2
	B4-89	塑钢门窗安装 塑钢中空玻璃窗	100m²	1.4762

五、总结拓展

分析建施-3,位于Ⓔ轴向上②—④轴位置的 LC2 和Ⓑ轴向下②—④轴的 LC2 是一样的,可用"复制"命令快速地绘制 LC2。单击绘图界面的"复制"按钮,选中 LC2,找到墙端头的基点,再单击Ⓑ轴向下 1025mm 与②轴的相交点,完成复制,如图 2.55 所示。

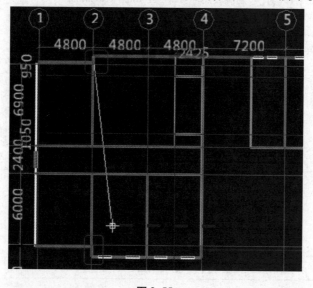

图 2.55

思考与练习

什么情况下需要对门窗进行精确定位?

2.2.7 过梁、圈梁、构造柱的工程量计算

通过本小节的学习,你将能够:

(1)依据定额和清单分析过梁、圈梁、构造柱的工程量计算规则;

(2)定义过梁、圈梁、构造柱;

（3）绘制过梁、圈梁、构造柱；

（4）统计本层过梁、圈梁、构造柱的工程量。

一、任务说明

①完成首层过梁、圈梁、构造柱的属性定义、做法套用及图元绘制。

②汇总计算，统计首层过梁、圈梁、构造柱的工程量。

二、任务分析

①首层过梁、圈梁、构造柱的尺寸种类分别有多少？分别从什么图中什么位置找到？

②过梁中入墙长度如何计算？

③如何快速使用智能布置和自动生成画过梁、构造柱？

三、任务实施

1）分析图纸

（1）过梁、圈梁

分析结施-2，建施-3、结施-2中（7）可知，内墙圈梁在门洞上设一道，兼做过梁，所以内墙的门洞口上不再设置过梁；外墙窗台处设一道圈梁，窗顶的圈梁不再设置，外墙所有的窗上不再布置过梁，MQ1、MQ2的顶标高直接到混凝土梁，不再设置过梁；LM1上设置过梁一道，尺寸为250mm×300mm。圈梁信息如表2.25所示。

表2.25　圈梁表

序号	名称	位置	宽（mm）	高（mm）	备注
1	QL1	内墙上	200	120	
2	QL2	外墙上	250	180	

（2）构造柱

构造柱的设置位置参见结施-2中（4）。

2）清单、定额计算规则学习

（1）清单计算规则（见表2.26）

表2.26　过梁、圈梁、构造柱清单计算规则

编号	项目名称	单位	计算规则
010503005	过梁	m³	按设计图示尺寸以体积计算。伸入墙内的梁头、梁垫并入梁体积内

续表

编号	项目名称	单位	计算规则
011702009	过梁模板	m²	按模板与现浇混凝土构件的接触面积计算
010503004	圈梁	m³	按设计图示尺寸以体积计算。伸入墙内的梁头、梁垫并入梁体积内
011702008	圈梁模板	m²	按模板与现浇混凝土构件的接触面积计算
010502002	构造柱	m³	按设计图示尺寸以体积计算。柱高:构造柱按全高计算,嵌接墙体部分(马牙槎)并入柱身体积
011702003	构造柱模板	m²	按模板与现浇混凝土构件的接触面积计算

(2)定额计算规则(见表2.27)

表2.27 过梁、圈梁、构造柱定额计算规则

编号	项目名称	单位	计算规则
A13-77	预制混凝土模板 过梁 木模板	m³	按设计图示尺寸以体积计算
A5-115	预制混凝土 异形梁、过梁、拱形梁	m³	工程量均按图示尺寸实体体积加规定的损耗以立方米计算,不扣除构件内钢筋、铁件及小于300mm×300mm以内的空洞。即图示尺寸体积×1.015
A5-162	梁安装单体 0.4m³以内	m³	预制混凝土构件运输及安装均按构件图示尺寸,以实体体积加规定的损耗计算。即图示尺寸体积×1.005
A5-225	预制混凝土构件接头灌缝 梁	m³	均按预制钢筋混凝土构件实体体积以立方米计算
A5-84	现拌混凝土 圈梁、过梁、弧形拱形梁	m³	按图示断面尺寸乘以梁长以立方米计算。框架或框架剪力墙结构中的圈梁,人工和机械乘以1.2的系数
A13-28	现浇混凝土模板 圈梁 直形 竹胶合板模板 木支撑	m²	梁模板及支架按展开面积计算,不扣除梁与梁连接重叠部分的面积。梁侧的出沿按展开面积并入梁模板工程量中
A5-81	现拌混凝土 构造柱	m³	按设计图示尺寸以体积计算。柱高:构造柱按全高计算,嵌接墙体部分(马牙槎)并入柱身体积,框架或框架剪力墙结构中的构造柱,人工和机械乘以1.2的系数

续表

编号	项目名称	单位	计算规则
A13-20	现浇混凝土模板 矩形柱 竹胶合板模板 钢支撑	m^2	构造柱外露面均应按图示柱宽加马牙槎宽度乘以高度计算模板面积。构造柱与墙接触面不计算模板面积
A13-22	现浇混凝土模板 柱支撑高度超过3.6m增加3m以内 钢支撑	m^2	模板支撑高度>3.6m时,按超过部分全部面积计算工程量

3)属性定义

(1)内墙圈梁的属性定义

在模块导航栏中单击"梁"→"圈梁",在构件列表中单击"新建"→"新建圈梁",在属性编辑框中输入相应的属性值,内墙圈梁的属性定义如图2.56所示。内墙上门的高度不一样,绘制完内墙圈梁后,需要手动修改圈梁标高。

(2)构造柱的属性定义

在模块导航栏中单击"柱"→"构造柱",在构件列表中单击"新建"→"新建构造柱",在属性编辑框中输入相应的属性值,如图2.57所示。

(3)过梁的属性定义

在模块导航栏中单击"门窗洞"→"过梁",在构件列表中单击"新建"→"新建矩形过梁",在属性编辑框中输入相应的属性值,如图2.58所示。

图 2.56

图 2.57

图 2.58

4)做法套用

①圈梁的做法套用,如图 2.59 所示。

	编码	类别	项目名称	项目特征	单位	工程量表达式	表达式说明
1	− 010503004	项	圈梁	1. 混凝土种类:泵送砼 2. 混凝土强度等级:C25	m3	TJ	TJ<体积>
2	A5-84	定	现拌砼 圈梁、过梁、弧形拱形梁		m3	TJ	TJ<体积>
3	− 011702008	项	圈梁	1. 竹胶合板模 木支撑	m2	MBMJ	MBMJ<模板面积>
4	A13-28	定	现浇砼模板 圈梁 直形 竹胶合板模 木支撑		m2	MBMJ	MBMJ<模板面积>

图 2.59

②构造柱的做法套用,如图 2.60 所示。

	编码	类别	项目名称	项目特征	单位	工程量表达式	表达式说明
1	− 010502002	项	构造柱	1. 混凝土种类:泵送砼 2. 混凝土强度等级:C25	m3	TJ	TJ<体积>
2	A5-81	定	现拌砼 构造柱		m3	TJ	TJ<体积>
3	− 011702003	项	构造柱	1. 竹胶合板模板 钢支撑	m2	MBMJ	MBMJ<模板面积>
4	A13-20	定	现浇砼模板 矩形柱 竹胶合板模板 钢支撑		m2	MBMJ	MBMJ<模板面积>
5	A13-22	定	现浇砼模板 柱支撑高度超过3.6m 增加3m以内 钢支撑		m2	CGMBMJ	CGMBMJ<超高模板面积>

图 2.60

③过梁的做法套用,如图 2.61 所示。

	编码	类别	项目名称	项目特征	单位	工程量表达式	表达式说明
1	− 011702009	项	过梁模板	1. 预制过梁 2. 竹胶合板模板 木支撑	m3	TJ	TJ<体积>
2	A13-77	定	预制砼模板 过梁 木模板		m3	TJ	TJ<体积>
3	− 010510003	项	过梁	1. 预制过梁 2. 混凝土强度等级:C25	m3	TJ	TJ<体积>
4	A5-115	定	预制砼 异形梁、过梁、拱形梁		m3	TJ*1.015	TJ<体积>*1.015
5	A5-162	定	梁安装 单体0.4m3以内		m3	TJ*1.005	TJ<体积>*1.005
6	A5-225	定	预制混凝土构件接头灌缝 梁		m3	TJ	TJ<体积>

图 2.61

5)画法讲解

（1）圈梁的画法

圈梁可以采用"直线"画法,方法同墙的画法,这里不再重复。单击"智能布置"→"墙中心线",如图 2.62 所示;然后选中砌块内墙,单击右键确定即可。

图 2.62

（2）构造柱的画法

①点画。构造柱可以按照点画布置，同框架柱的画法，这里不再重复。

②自动生成构造柱。单击"自动生成构造柱"，弹出如图 2.63 所示对话框。在对话框中输入相应信息，单击"确定"按钮，然后选中墙体，单击右键确定即可。

图 2.63

四、任务结果

汇总计算，统计本层过梁、圈梁、构造柱的工程量，如表 2.28 所示。

表 2.28　过梁、圈梁、构造柱清单定额量

序号	编码	项目名称及特征	单位	工程量
1	010502002001	构造柱 1.混凝土种类:泵送混凝土 2.混凝土强度等级:C25	m³	12.175
	A5-81	现拌混凝土 构造柱	10m³	1.2175
2	010503004001	圈梁 1.混凝土种类:泵送混凝土 2.混凝土强度等级:C25	m³	4.0958
	A5-84	现拌混凝土 圈梁、过梁、弧形拱形梁	10m³	0.4096
3	010510003001	过梁 1.预制过梁 2.混凝土强度等级:C25	m³	0.7134
	A5-115	预制混凝土 异形梁、过梁、拱形梁	10m³	0.0724
	A5-162	梁安装 单体 0.4m³ 以内	10m³	0.0717
	A5-225	预制混凝土构件接头灌缝 梁	10m³	0.0713

五、总结拓展

（1）修改构件图元名称

①选中要修改的构件→单击右键→修改构件图元名称→选择要修改的构件。

②选中要修改的构件→单击属性→在属性编辑框的名称中直接选择要修改的构件名称。

（2）出现"同名构件处理方式"对话框的情况及对话框中的三项选择的意思

在复制楼层时会出现此对话框。第一个是复制过来的构件都会新建一个，并且名称 + n；第二个是复制过来的构件不新建，要覆盖目标层同名称的构件；第三个是复制过来的构件，目标层里有的，构件属性就会换成目标层的属性，没有的构件会自动新建一个构件。（注意：当前楼层如果有画好的图，要覆盖就用第二个选项，不覆盖就用第三个选项，第一个选项一般用的不多。）

思考与练习

（1）简述构造柱的设置位置。

（2）为什么外墙窗顶没有设置圈梁？

（3）自动生成构造柱符合实际要求吗？不符合的话需要作哪些调整？

2.2.8 首层后浇带、雨篷的工程量计算

通过本小节的学习，你将能够：

（1）依据定额和清单分析首层后浇带、雨篷的工程量计算规则；

（2）定义首层后浇带、雨篷；

（3）绘制首层后浇带、雨篷；

（4）统计首层后浇带、雨篷的工程量。

一、任务说明

①完成首层后浇带、雨篷的属性定义、做法套用及图元绘制。

②汇总计算，统计首层后浇带、雨篷的工程量。

二、任务分析

①首层后浇带涉及哪些构件？这些构件的做法都一样吗？工程时表达如何选用？

②首层雨篷是一个室外构件，为什么要一次性将清单及定额做完？做法套用分别都是些什么？工程时表达该如何选用？

三、任务实施

1）分析图纸

分析结施-12，可以从板平面图中得到后浇带的截面信息，本层只有一条后浇带，后浇带宽度为800mm，分部在⑤轴与⑥轴间，距离⑤轴的距离为1000mm。

2)清单、定额计算规则学习

(1)清单计算规则(见表2.29)

表2.29 后浇带、雨篷清单计算规则

编号	项目名称	单位	计算规则
010508001	后浇带	m³	按设计图示尺寸以体积计算
011702030	后浇带模板	m²	按模板与后浇带的接触面积计算
010505008	雨篷、悬挑板、阳台板	m³	按设计图示尺寸以墙外部分体积计算,包括伸出墙外的牛腿和雨篷反挑檐的体积
011702023	雨篷、悬挑板、阳台板模板	m²	按图示外挑部分尺寸的水平投影面积计算,挑出墙外的悬臂梁及板边不另计算
010902002	屋面涂膜防水雨篷	m²	按设计图示尺寸以面积计算。 1.斜屋顶(不包括平屋顶找坡)按斜面积计算,平屋顶按水平投影面积计算; 2.不扣除房上烟囱、风帽底座、风道、屋面小气窗和斜沟所占面积; 3.屋面的女儿墙、伸缩缝和天窗等处的弯起部分,并入屋面工程量内
011301001	天棚抹灰雨篷	m²	按设计图示尺寸以水平投影面积计算

(2)定额计算规则(见表2.30)

表2.30 后浇带、雨篷定额计算规则(部分)

编号	项目名称	单位	计算规则
A5-108	商品混凝土构件 地面以上输送高度30m以内 梁板	m³	混凝土构件的后浇带套用混凝土的相应子目,按设计图示尺寸以体积计算
A5-102	后浇带增加费 其他部位	m	后浇带增加费按延长米计算工程量
A13-36	现浇混凝土模板 有梁板 竹胶合板模板 钢支撑	m²	梁板后浇带底模板延期拆除处理:按后浇带施工长度乘以2.5m宽度以平方米计算,执行有梁板子目。原主体工程量计算中的有梁板模板工程量不得扣除
A5-92	现拌混凝土 悬挑式阳台、雨篷	m³	伸出外墙的悬挑板(包括平板、雨篷等),按伸出外墙的体积计算,其反沿并入悬挑板内计算
A13-45	现浇混凝土模板 悬挑板(阳台、雨篷)圆弧形 木模板木支撑	m²	现浇钢筋混凝土悬挑板(雨篷、阳台)按图示外挑部分尺寸的水平投影面积计算。挑出墙外的牛腿梁及板边模板不另计算

3)属性定义

（1）后浇带的属性定义

在模块导航栏中单击"其他"→"后浇带"，在构件列表中单击"新建"→"新建后浇带"，新建后浇带 HJD-1，根据图纸中 HJD-1 的尺寸标注，在属性编辑框中输入相应的属性值，如图2.64所示。

（2）雨篷的属性定义

在模块导航栏中单击"其他"→"雨篷"，在构件列表中单击"新建"→"新建雨篷"，在属性编辑框中输入相应的属性值，如图2.65 所示。

属性名称	属性值	附加
名称	HJD-1	
宽度(mm)	800	☐
轴线距后浇	(400)	☐
筏板(桩承	矩形后浇	☐
基础梁后浇	矩形后浇	☐
外墙后浇带	矩形后浇	☐
内墙后浇带	矩形后浇	☐
梁后浇带类	矩形后浇	☐
现浇板后浇	矩形后浇	☐
备注		☐
⊞ 计算属性		
⊞ 显示样式		

图2.64

属性名称	属性值	附加
名称	雨篷1	
材质	现浇混凝	☐
砼标号	(C25)	☐
砼类型	(泵送砼(	☐
板厚(mm)	150	☐
顶标高(m)	3.45	☐
建筑面积计	不计算	☐
图元形状	直形	☐
备注		☐
⊞ 计算属性		
⊞ 显示样式		

图2.65

4)做法套用

①后浇带的做法套用与现浇板有所不同，主要有以下几个方面，如图2.66 所示。

添加清单 添加定额 × 删除 项目特征 查询▼ 换算▼ 选择代码 编辑计算式 做法刷 做法查询 选配 提

	编码	类别	项目名称	项目特征	单位	工程量表达式	表达式说明
1	010508001	项	后浇带	1.混凝土种类:泵送砼 2.混凝土强度等级:C35	m3	XJBHJDTJ+LHJDTJ	XJBHJDTJ<现浇板后浇带体积>+LHJDTJ<梁后浇带体积>
2	A5-108	定	商品砼构件 地面以上输送高度30m以内 梁板		m3	XJBHJDTJ+LHJDTJ	XJBHJDTJ<现浇板后浇带体积>+LHJDTJ<梁后浇带体积>
3	A5-102	定	后浇带增加费 其他部位		m	HJDZXXCD	HJDZXXCD<后浇带中心线长度>
4	011702030	项	后浇带	有梁板 竹胶合板模板 钢支撑	m2	XJBHJDMBMJ+LHJDMBMJ	XJBHJDMBMJ<现浇板后浇带模板面积>+LHJDMBMJ<梁后浇带模板面积>
5	A13-36	定	现浇砼模板 有梁板 竹胶合板模板 钢支撑		m2	XJBHJDMBMJ+LHJDMBMJ	XJBHJDMBMJ<现浇板后浇带模板面积>+LHJDMBMJ<梁后浇带模板面积>
6	A13-36	定	现浇砼模板 有梁板 竹胶合板模板 钢支撑		m2	HJDZXXCD*2.5	HJDZXXCD<后浇带中心线长度>*2.5

图2.66

②雨篷的做法套用，如图2.67 所示。

	编码	类别	项目名称	项目特征	单位	工程量表达式	表达式说明
1	010505008	项	雨篷、悬挑板、阳台板	1. 混凝土种类：泵送砼 2. 混凝土强度等级：C25	m3	TJ	TJ〈体积〉
2	A5-92	定	现拌砼 悬挑式阳台、雨篷		m3	TJ	TJ〈体积〉
3	011702023	项	雨篷、悬挑板、阳台板	1. 木模板木支撑：	m2	MBMJ	MBMJ〈模板面积〉
4	A13-45	定	现浇砼模板 悬挑板(阳台、雨篷) 圆弧形 木模板木支撑		m2投影面	MBMJ	MBMJ〈模板面积〉
5	011407002	项	天棚喷刷涂料	1. 水泥砂浆顶棚（05ZJ001顶4） 2. 7厚1:3水泥砂浆： 3. 5厚1:2水泥砂浆 4. 刷乳胶漆	m2	YPDIMZXMJ	YPDIMZXMJ〈雨蓬底面装修面积〉
6	B3-3	借	混凝土天棚 水泥砂浆 现浇		m2	YPDIMZXMJ	YPDIMZXMJ〈雨蓬底面装修面积〉
7	B5-197	借	刷乳胶漆 抹灰面 二遍		m2	YPDIMZXMJ	YPDIMZXMJ〈雨蓬底面装修面积〉
8	011101001	项	水泥砂浆楼地面	1. 面层厚度、砂浆配合比：20厚1:2.5水泥砂浆掺入水泥用量3%的硅质密实剂（分两次抹灰）	m2	YPDMZXMJ	YPDMZXMJ〈雨蓬顶面装修面积〉
9	B1-6	借	整体面层 水泥砂浆 楼地面		m2	YPDMZXMJ	YPDMZXMJ〈雨蓬顶面装修面积〉

图 2.67

5）画法讲解

（1）直线绘制后浇带

首先根据图纸尺寸作好辅助轴线，单击"直线"，左键单击后浇带的起点与终点即可绘制后浇带，如图 2.68 所示。

图 2.68

（2）直线绘制雨篷

首先根据图纸尺寸作好辅助轴线，用"Shift＋左键"的方法绘制雨篷，如图 2.69 所示。

图 2.69

四、任务结果

汇总计算,统计本层后浇带、雨篷的工程量,如表2.31所示。

表2.31　后浇带、雨篷清单定额量

序号	编码	项目名称及特征	单位	工程量
1	010505008001	雨篷、悬挑板、阳台板 1.混凝土种类:泵送混凝土 2.混凝土强度等级:C25	m³	0.7425
	A5-92	现拌混凝土 悬挑式阳台、雨篷	10m³	0.0743
2	010508001002	后浇带 1.混凝土种类:泵送混凝土 2.混凝土强度等级:C35	m³	2.1864
	A5-108	商品混凝土构件 地面以上输送高度30m以内 梁板	100m³	0.0219
	A5-102	后浇带增加费 其他部位	m	17.725
3	011101001002	水泥砂浆楼地面 1.面层厚度、砂浆配合比:20mm厚1:2.5水泥砂浆 掺入水泥用量3%的硅质密实剂(分两次抹灰)	m²	4.95
	B1-6	整体面层 水泥砂浆 楼地面	100m²	0.0495
4	011407002002	天棚喷刷涂料 1.水泥砂浆顶棚(05ZJ001 顶4) 2.7mm厚1:3水泥砂浆 3.5mm厚1:2水泥砂浆 4.刷乳胶漆	m²	4.95
	B3-3	混凝土天棚 水泥砂浆 现浇	100m²	0.0495
	B5-197	刷乳胶漆 抹灰面 两遍	100m²	0.0495

五、总结拓展

①后浇带既属于线性构件,也属于面式构件,所以后浇带直线绘制的方法与线性构件一样。

②上述雨篷反檐用栏板定义绘制的,如果不用栏板,用梁定义绘制也可以。

思考与练习

(1)后浇带直线绘制法与现浇板直线绘制法有什么区别?

(2)若不使用辅助轴线,怎样才能快速绘制上述后浇带?

2.2.9　台阶、散水的工程量计算

通过本小节的学习,你将能够:
(1)依据定额和清单分析首层台阶、散水的工程量计算规则;
(2)定义台阶、散水的属性;
(3)绘制台阶、散水;
(4)统计台阶、散水工程量。

一、任务说明

①完成首层台阶、散水的属性定义、做法套用及图元绘制。
②汇总计算,统计首层台阶、散水的工程量。

二、任务分析

①首层台阶的尺寸可以从什么图中什么位置找到? 台阶构件做法说明中"88BJ1-T 台 1B"是什么构造? 都有哪些工作内容? 如何套用清单、定额?

②首层散水的尺寸可以从什么图中什么位置找到? 散水构件做法说明中"88BJ1-1 散 7"是什么构造? 都有哪些工作内容? 如何套用清单、定额?

三、任务实施

1)分析图纸

结合建施-3 可以从平面图中得到台阶、散水的信息,本层台阶和散水的截面尺寸如下:
①台阶:踏步宽度为 300mm,踏步个数为 2,顶标高为首层层底标高。
②散水:宽度为 900mm,沿建筑物周围布置。

2)清单、定额计算规则学习

(1)清单计算规则(见表 2.32)

表 2.32　台阶、散水清单计算规则

编号	项目名称	单位	计算规则
011107004	水泥砂浆台阶面	m²	按设计图示尺寸以面积计算
011702027	台阶模板	m²	按图示台阶水平投影面积计算,台阶端头两侧不另计算模板面积。架空式混凝土台阶,按现浇楼梯计算
010507001	散水、坡道	m²	按设计图示尺寸以水平投影面积计算
011702029	散水模板	m²	按模板与散水的接触面积计算

（2）定额计算规则（见表2.33）

表2.33　台阶、散水定额计算规则

编号	项目名称	单位	计算规则
A5-97	现拌混凝土 台阶	m³	按设计图示台阶面积乘以厚度计算，台阶面积包括踏步及最上一层踏步边沿加300mm
A2-14	垫层 混凝土	m³	平台混凝土垫层按平台面积乘以厚度计算，垫层中均包括原土夯实
A2-1	垫层 灰土	m³	地面垫层按地面面积乘以厚度计算，垫层中均包括原土夯实
B1-23	石材块料面层 花岗岩楼地面周长3200mm以内 单色	m²	平台按设计图示尺寸以面积计算
B1-41	石材块料面层 台阶 花岗岩水泥砂浆	m²	台阶面积（包括踏步及最上一层踏步边沿加300mm）按水平投影面积计算
A13-46	现浇混凝土模板 台阶 木模板木支撑	m²	混凝土台阶，按图示尺寸的水平投影面积计算，台阶端头两侧不另计算模板面积
A10-49	混凝土散水	m²	按图示尺寸以平方米计算

3）属性定义

（1）台阶的属性定义

在模块导航栏中单击"其他"→"台阶"，在构件列表中单击"新建"→"新建台阶"，新建台阶1，根据图纸中台阶的尺寸标注，在属性编辑框中输入相应的属性值，如图2.70所示。

（2）散水的属性定义

在模块导航栏中单击"其他"→"散水"，在构件列表中单击"新建"→"新建散水"，新建散水1，根据图纸中散水1的尺寸标注，在属性编辑框中输入相应的属性值，如图2.71所示。

图2.70

图2.71

4)做法套用

台阶、散水的做法套用与其他构件有所不同。

①台阶都套用装修子目,如图2.72所示。

	编码	类别	项目名称	项目特征	单位	工程量表达式	表达式说明
1	─ 011107001	项	石材台阶面	1.花岗石台阶(11ZJ001台7); 2.20厚花岗石踏步及踢脚板,水泥浆擦缝; 3.30厚1:4干硬性水泥砂浆 4.素泥浆结合层一遍; 5.60厚C15混凝土台阶; 6.300厚三七灰土	m2	MJ	MJ<台阶整体水平投影面积>
2	B1-41	借	石材块料面层 台阶 花岗岩 水泥砂浆		m2	MJ	MJ<台阶整体水平投影面积>
3	A5-97	定	现拌砼 台阶		m3	MJ*0.06	MJ<台阶整体水平投影面积>*0.06
4	A2-1	定	垫层 灰土		m3	MJ*0.3	MJ<台阶整体水平投影面积>*0.3
5	─ 011102001	项	石材楼地面	1.花岗石台阶平台(11ZJ001台7); 2.20厚花岗石平台,水泥浆擦缝; 3.30厚1:4干硬性水泥砂浆 4.素泥浆结合层一遍; 5.60厚C15混凝土台阶; 6.300厚三七灰土	m2	PTSPTYMJ	PTSPTYMJ<平台水平投影面积>
6	B1-23	借	石材块料面层 花岗岩楼地面 周长3200mm以内 单色		m2	PTSPTYMJ	PTSPTYMJ<平台水平投影面积>
7	A2-14	定	垫层 混凝土		m3	PTSPTYMJ*0.06	PTSPTYMJ<平台水平投影面积>*0.06
8	A2-1	定	垫层 灰土		m3	PTSPTYMJ*0.3	PTSPTYMJ<平台水平投影面积>*0.3
9	─ 011702027	项	台阶	木模板木支撑	m2	MJ	MJ<台阶整体水平投影面积>
10	A13-46	定	现浇砼模板 台阶 木模板木支撑		m2投影面	MJ	MJ<台阶整体水平投影面积>

图2.72

②散水清单项套用建筑工程清单子目,定额项套用装修子目,如图2.73所示。

	编码	类别	项目名称	项目特征	单位	工程量表达式	表达式说明
1	─ 010507001	项	散水、坡道	1.混凝土散水(11ZJ001散1) 2.素土夯实,向外坡4%。 3.垫层材料种类、厚度:150厚二七灰土 4.混凝土强度等级:60厚C15混凝土; 5.面层厚度:面上加5厚1:1水泥砂浆随打随抹光; 6.变形缝填塞材料种类:每隔12m设一道20宽的变形缝,内填沥青砂浆。	m2	MJ	MJ<面积>
2	A10-49	定	混凝土散水		m2	MJ	MJ<面积>
3	A2-1	定	垫层 灰土		m3	MJ*0.15	MJ<面积>*0.15

图2.73

5)画法讲解

(1)直线绘制台阶

台阶属于面式构件,因此可以直线绘制也可以点绘制,这里用直线绘制法。首先作好辅助轴线,然后选择"直线",单击交点形成闭合区域即可绘制台阶,如图2.74所示。

(2)智能布置散水

散水同样属于面式构件,因此可以直线绘制也可以点绘制,这里用智能布置法比较简单。先在④轴与⑦轴间绘制一道虚墙,与外墙平齐形成封闭区域,单击"智能布置"→"外墙外边线",在弹出的对话框中输入"900",单击"确定"按钮即可。绘制完的散水如图2.75所示。

图 2.74

图 2.75

四、任务结果

汇总计算,统计本层台阶、散水的工程量,如表 2.34 所示。

表 2.34　台阶、散水清单定额量

序号	编码	项目名称及特征	单位	工程量
1	011102001002	石材楼地面 1.花岗石台阶平台(11ZJ001 台7) 2.20mm 厚花岗石平台,水泥浆擦缝 3.30mm 厚 1:4 干硬性水泥砂浆 4.素泥浆结合层一遍 5.60mm 厚 C15 混凝土台阶 6.300mm 厚三七灰土	m^2	146.3313
	B1-23	石材块料面层 花岗岩楼地面 周长 3200mm 以内 单色	$100m^2$	1.4633
	A2-14	垫层 混凝土	$10m^3$	0.878
	A2-1	垫层 灰土	$10m^3$	4.3899

续表

序号	编码	项目名称及特征	单位	工程量
2	011107001001	石材台阶面 1. 花岗石台阶(11ZJ001 台 7) 2. 20mm 厚花岗石踏步及踢脚板,水泥浆擦缝 3. 30mm 厚 1:4 干硬性水泥砂浆 4. 素泥浆结合层一遍 5. 60mm 厚 C15 混凝土台阶 6. 300mm 厚三七灰土	m²	25.44
	B1-41	石材块料面层 台阶 花岗岩 水泥砂浆	100m²	0.2544
	A5-97	现拌混凝土 台阶	10m³	0.1526
	A2-1	垫层 灰土	10m³	0.7632
3	010507001001	散水、坡道 1. 混凝土散水(11ZJ001 散 1) 2. 素土夯实,向外坡4% 3. 垫层材料种类、厚度:150mm 厚三七灰土 4. 混凝土强度等级:60mm 厚 C15 混凝土 5. 面层厚度:面上加 5mm 厚 1:1 水泥砂浆随打随抹光 6. 变形缝填塞材料种类:每隔 12m 设一道 20mm 宽的变形缝,内填沥青砂浆	m²	97.7394
	A10-49	混凝土散水	100m²	0.9774
	A2-1	垫层 灰土	10m³	1.4661

五、总结拓展

①台阶绘制后,还要根据实际图纸设置台阶起始边。
②台阶属性定义只给出台阶的顶标高。
③如果在封闭区域,台阶也可以使用点式绘制。

思考与练习

(1)智能布置散水的前提条件是什么?
(2)表2.34 中散水的工程量是最终工程量吗?
(3)散水与台阶相交时,软件会自动扣减吗?若扣减,谁的级别大?
(4)台阶、散水在套用清单与定额时,与主体构件有哪些区别?

2.2.10 平整场地、建筑面积的工程量计算

通过本小节的学习,你将能够:

(1)依据定额和清单分析平整场地、建筑面积的工程量计算规则;

(2)定义平整场地、建筑面积的属性及做法套用;

(3)绘制平整场地、建筑面积;

(4)统计平整场地、建筑面积工程量。

一、任务说明

①完成平整场地、建筑面积的属性定义、做法套用及图元绘制。

②汇总计算,统计首层平整场地、建筑面积的工程量。

二、任务分析

①平整场地的工作量计算如何定义? 此项目中应选用地下一层还是首层的建筑面积?

②首层建筑面积中门厅外台阶的建筑面积应如何计算? 工程量表达式中作何修改?

③与建筑面积相关的综合脚手架和工程水电费如何套用清单、定额?

三、任务实施

1)分析图纸

分析首层平面图可知,本层建筑面积分为楼层建筑面积和雨篷建筑面积两部分。

2)清单、定额计算规则学习

(1)清单计算规则(见表2.35)

表2.35　清单计算规则

编号	项目名称	单位	计算规则
010101001	平整场地	m²	按设计图示尺寸以建筑物首层建筑面积计算
011701001	综合脚手架	m²	按建筑面积计算
011703001	垂直运输	m²	按建筑面积计算

(2)定额计算规则(见表2.36)

表2.36　定额计算规则

编号	项目名称	单位	计算规则
A1-3	平整场地	m²	平整场地工程量按建筑物外墙外边线每边各加2m,以平方米计算

编号	项目名称	单位	计算规则
A12-11	综合脚手架 框架、剪力墙结构多高层建筑 檐口高24m以内	m²	1.凡能计算建筑面积的工程,均应执行综合脚手架子目 2.综合脚手架工程量,均按建筑面积计算规则以平方米计算

3)属性定义

(1)平整场地的属性定义

在模块导航栏中单击"其他"→"平整场地",在构件列表中单击"新建"→"新建平整场地",在属性编辑框中输入相应的属性值,如图2.76所示。

(2)建筑面积的属性定义

在模块导航栏中单击"其他"→"建筑面积",在构件列表中单击"新建"→"新建建筑面积",在属性编辑框中输入相应的属性值,如图2.77所示。

图2.76   图2.77

4)做法套用

①平整场地的做法在建筑面积里面套用,如图2.78所示。

	编码	类别	项目名称	项目特征	单位	工程量表达式	表达式说明
1	- 010101001	项	平整场地	1.土壤类别:二类	m2	MJ	MJ<面积>
2	A1-3	定	平整场地		m2	WF2MMJ	WF2MMJ<外放2米的面积>

图2.78

②建筑面积套用做法,如图2.79所示。

	编码	类别	项目名称	项目特征	单位	工程量表达式	表达式说明
1	- 011701001	项	综合脚手架	1.建筑结构形式:框架、剪力墙 2.檐口高度:16.05	m2	MJ	MJ<面积>
2	A12-11	定	综合脚手架 框架、剪力墙结构多高层建筑 檐口高24m以内		m2	MJ	MJ<面积>

图2.79

5)画法讲解

(1)平整场地绘制

平整场地属于面式构件,可以点画也可以直线绘制。以点画为例,将所绘制区域用外虚墙封闭,在绘制区域内单击右键即可,如图2.80所示。

图 2.80

（2）建筑面积绘制

建筑面积绘制同平整场地，特别注意要计算一半雨篷的建筑面积，如图2.81所示。

图 2.81

四、任务结果

汇总计算，统计本层平整场地、建筑面积的工程量，如表2.37所示。

表2.37　平整场地、建筑面积清单定额量

序号	编码	项目名称及特征	单位	工程量
1	010101001001	平整场地 1.土壤类别:二类土	m²	1085.7169
	A1-3	平整场地	100m²	14.4502

五、总结拓展

①平整场地习惯上是计算首层建筑面积区域，但是地下室建筑面积大于首层建筑面积时，平整场地以地下室建筑面积为准。

②当一层建筑面积计算规则不一样时，有几个区域就要建立几个建筑面积属性。

思考与练习

（1）平整场地与建筑面积属于面式图元,与用直线绘制其他面式图元有什么区别?需要注意哪些问题?

（2）平整场地与建筑面积绘制图元范围是一样的,计算结果有哪些区别?

2.3 二层工程量计算

通过本节的学习,你将能够:

(1)掌握层间复制图元的两种方法;

(2)绘制弧形线性图元;

(3)定义参数化飘窗。

2.3.1 二层柱、墙体的工程量计算

通过本小节的学习,你将能够:

(1)掌握图元层间复制的两种方法;

(2)统计本层柱、墙体的工程量。

一、任务说明

①使用两种层间复制方法完成二层柱、墙体的做法套用及图元绘制。

②查找首层与二层的不同部分,将不同部分进行修正。

③汇总计算,统计二层柱、墙体的工程量。

二、任务分析

①对比二层与首层的柱、墙都有哪些不同?从名称、尺寸、位置、做法4个方面进行对比。

②从其他楼层复制构件图元与复制选定图元到其他楼层有什么不同?

三、任务实施

1)分析图纸

（1）分析框架柱

分析结施-5,二层框架柱和首层框架柱相比,截面尺寸、混凝土标号没有差别,不同的是二层没有 KZ4 和 KZ5。

（2）分析剪力墙

分析结施-5,二层的剪力墙和一层的相比,截面尺寸、混凝土标号没有差别,唯一不同的

是标高发生了变化。二层的暗梁、连梁、暗柱和首层相比没有差别,暗梁、连梁、暗柱为剪力墙的一部分。

（3）分析砌块墙

分析建施-3、建施-4,二层砌体与一层的基本相同。屋面的位置有240mm厚的女儿墙。女儿墙将在后续章节中详细讲解,这里不作介绍。

2）画法讲解

（1）复制选定图元到其他楼层

在首层,单击"楼层"→"复制选定图元到其他楼层",框选需要复制的墙体,右键弹出"复制选定图元到其他楼层"的对话框,勾选"第2层",单击"确定"按钮,弹出提示框"图元复制成功",如图2.82、图2.83、图2.84所示。

图2.82

图2.83

图2.84

（2）删除多余墙体

选择"第2层"，选中②轴/Ⓓ—Ⓔ轴的框架间墙，单击右键选择"删除"，弹出确认对话框"是否删除当前选中的图元"，选择"是"按钮，删除完成，如图2.85和图2.86所示。

图2.85

图2.86

四、任务结果

应用"复制选定图元到其他楼层"完成二层、三层图元的绘制。保存并汇总计算，统计本层柱的工程量、墙的阶段性工程量，如表2.38所示。

表2.38 二层柱、墙体清单定额量

序号	编码	项目名称及特征	单位	工程量
1	010402001001	砌块墙 1. 砌块品种、规格、强度等级：250mm厚加气混凝土砌块 2. 墙体类型：砌体墙 3. 砂浆强度等级：M5混合砂浆	m³	85.8685
	A4-45	加气混凝土砌块	10m³	8.5869

续表

序号	编码	项目名称及特征	单位	工程量
2	010402001002	砌块墙 1. 砌块品种、规格、强度等级:200mm 厚加气混凝土砌块 2. 墙体类型:砌体墙 3. 砂浆强度等级:M5 混合砂浆	m^3	104.142
	A4-45	加气混凝土砌块	$10m^3$	10.4142
3	010402001003	砌块墙 1. 砌块品种、规格、强度等级:100mm 厚加气混凝土砌块 2. 墙体类型:砌体墙 3. 砂浆强度等级:M5 混合砂浆	m^3	2.3205
	A4-45	加气混凝土砌块	$10m^3$	0.2321
4	010502001001	矩形柱 1. 混凝土种类:泵送混凝土 2. 混凝土强度等级:C30	m^3	32.787
	A5-109	商品混凝土构件 地面以上输送高度 30m 以内 柱	$100m^3$	0.3279
5	010502003001	异形柱 1. 柱形状:圆柱 2. 混凝土种类:泵送混凝土 3. 混凝土强度等级:C30	m^3	4.4261
	A5-109	商品混凝土构件 地面以上输送高度 30m 以内 柱	$100m^3$	0.0443
6	010504001001	直形墙 1. 混凝土种类:泵送混凝土 2. 混凝土强度等级:C30	m^3	79.9208
	A5-109	商品混凝土构件 地面以上输送高度 30m 以内 墙	$100m^3$	0.7992

五、总结拓展

①从其他楼层复制构件图元。如图 2.82 所示,应用"复制选定图元到其他楼层"的功能进行墙体复制时,可以看到"复制选定图元到其他楼层"的上面有"从其他楼层复制构件图元"的功能,同样可以应用此功能对构件进行层间复制,如图 2.87 所示。

②选择"第 2 层",单击"楼层"→"从其他楼层复制构件图元",弹出如图 2.87 所示对话框,在"源楼层选择"中选择"首层",然后在"图元选择"中选择所有的墙体构件,"目标楼层选择"中勾选"第 2 层",然后单击"确定"按钮,弹出如图 2.88 所示"同位置图元/同名构件处理方式"对话框。因为刚才已经通过"复制选定图元到其他楼层"复制了墙体,在二层已经存在墙图元,所以按照图 2.88 所示选择即可,单击"确定"按钮后弹出"图元复制完成"提示框。

图 2.87

图 2.88

 考与练习

两种层间复制方法有什么区别?

2.3.2 二层梁、板、后浇带的工程量计算

通过本小节的学习,你将能够:

(1)掌握"修改构件图元名称"修改图元的方法;

(2)掌握三点画弧绘制弧形图元;

(3)统计本层梁、板、后浇带的工程量。

一、任务说明

①查找首层与二层的不同部分。

②使用"修改构件图元名称"修改二层梁、板。

③使用三点画弧完成弧形图元的绘制。

④汇总计算,统计二层梁、板、后浇带的工程量。

二、任务分析

①对比二层与首层的梁、板都有哪些不同? 从名称、尺寸、位置、做法 4 个方面进行对比。

②构件名称、构件属性、做法、图元之间有什么关系?

三、任务实施

1)分析图纸

(1)梁

分析结施-8、结施-9,可以得出二层梁与首层梁的差别,如表 2.39 所示。

表 2.39　二层梁与首层梁的差异

序号	名称	截面尺寸:宽(mm)×高(mm)	位置	备注
1	L1	250×500	Ⓑ轴向下	弧形梁
2	L3	250×500	Ⓔ轴向上 725mm	名称改变,250mm×500mm
3	L4	250×400	电梯处	截面变化,原来 200mm×400mm
4	KL5	250×500	③轴、⑧轴上	名称改变,250mm×500mm
5	KL6	250×500	⑤轴、⑥轴上	名称、截面改变,250mm×600mm
6	KL7	250×500	Ⓔ轴/⑨—⑩轴	名称改变,250mm×500mm
7	L12	250×500	Ⓔ轴上方	名称改变为 L3

(2)板

分析结施-12 与结施-13,通过对比首层和二层的板厚、位置等,可以知道二层在Ⓑ—Ⓒ/④—⑦轴区域内与首层不一样。

(3)后浇带

二层后浇带的长度发生了变化。

2)做法套用

做法套用同首层。

3)画法讲解

(1)复制首层梁到二层

运用"复制选定图元到其他楼层"复制梁图元,复制方法同 2.3.1 节复制墙的方法,这里不再细述。在选中图元时用左框选,选中需要的图元,单击右键确定即可。注意:位于Ⓑ轴向下区域的梁不进行框选,因为二层这个区域的梁和首层完全不一样,如图 2.89 所示。

图 2.89

(2)修改二层的梁图元

①修改 L12 变成 L3,选中要修改的图元,单击右键选择"修改构件图元名称"(见图 2.90),弹出"修改构件图元名称"对话框,在"目标构件"中选择"L3",如图 2.91 所示。

图 2.90

图 2.91

②修改 L4 的截面尺寸。在绘图界面选中 L4 的图元,在属性编辑框中修改宽度为"250",按回车键即可。

③选中Ｅ轴/④—⑦轴的 XL1,单击右键选择"复制",选中基准点,复制到Ｂ轴/④—⑦轴,复制后的结果如图 2.92 所示,然后把这两段 XL1 延伸到Ｂ轴上,如图 2.93 所示。

图 2.92

图 2.93

（3）绘制弧形梁

①绘制辅助轴线。前面已经讲过在轴网界面建立辅助轴线,下面介绍一种更简便的建立辅助轴线的方法:在本层,单击绘图工具栏"平行",也可以绘制辅助轴线。

②三点画弧。点开"逆小弧"旁的三角(见图 2.94),选择"三点画弧",在英文状态下按下键盘上的"Z"把柱图元显示出来,再按下捕捉工具栏的"中点",捕捉位于Ⓑ轴与⑤轴相交的柱端的中点,此点为起始点(见图 2.95),点中第二点(如图 2.96 所示的两条辅助轴线的交点),选择终点Ⓑ轴与⑦轴相交处柱端的终点(见图 2.96),单击右键结束,再单击保存。

图 2.94

图 2.95

图 2.96

四、任务结果

汇总计算,统计本层梁、板、后浇带的工程量,如表 2.40 所示。

表 2.40 二层梁、板、后浇带清单定额量

序号	编码	项目名称及特征	单位	工程量
1	010505001001	有梁板 1.混凝土种类:泵送混凝土 2.混凝土强度等级:C30	m^3	137.0309
	A5-108	商品混凝土构件 地面以上输送高度30m 以内 梁板	$100m^3$	1.3703
2	010508001002	后浇带 1.混凝土种类:泵送混凝土 2.混凝土强度等级:C35	m^3	2.3617
	A5-108	商品混凝土构件 地面以上输送高度30m 以内 梁板	$100m^3$	0.0236
	A5-102	后浇带增加费 其他部位	m	18.6336

五、总结拓展

①左框选:图元完全位于框中的才能被选中。

②右框选:只要在框中的图元都会被选中。

思考与练习

(1)应用"修改构件图元名称"把③轴和⑧轴的 KL6 修改为 KL5。

(2)应用"修改构件图元名称"把⑤轴和⑥轴的 KL7 修改为 KL6,使用"延伸"功能将其延伸到图纸所示位置。

(3)利用层间复制的方法复制板图元到二层。

(4)利用直线和三点画弧重新绘制 LB1。

(5)把位于Ⓔ轴/⑨—⑩轴的 KL8 修改为 KL7。

(6)绘制位于Ⓑ—Ⓒ轴/④—⑦轴的三道 L12,要求运用到偏移和"Shift + 左键"。

2.3.3 二层门窗的工程量计算

通过本小节的学习,你将能够:

(1)定义参数化飘窗;

(2)掌握移动功能;

(3)统计本层门窗的工程量。

一、任务说明

①查找首层与二层的不同部分,并修正。

②使用参数化飘窗功能完成飘窗定义与做法套用。

③汇总计算,统计二层门窗的工程量。

二、任务分析

①对比二层与首层的门窗都有哪些不同? 从名称、尺寸、位置、做法 4 个方面进行对比。

②飘窗由多少个构件组成? 每一构件都对应有哪些工作内容? 做法如何套用?

三、任务实施

1)分析图纸

分析建施-3、建施-4,首层 LM1 的位置对应二层的两扇 LC1,首层 TLM1 的位置对应二层的 M2,首层 MQ1 的位置在二层是 MQ3,首层①轴/①—③轴的位置在二层是 M2,首层 LC3 的位置在二层是 TC1。

2)属性定义

在模块导航栏中单击"门窗洞"→"飘窗",在构件列表中单击"新建"→"新建参数化飘窗",弹出如图 2.97 所示"选择参数化图形"对话框,选择"矩形飘窗",单击"确定"按钮后弹出如图 2.98 所示"编辑图形参数"对话框,根据图纸中的飘窗尺寸进行编辑后,单击"保存退出"按钮,最后在属性编辑框中输入相应的属性值,如图 2.99 所示。

图 2.97

图 2.98

属性名称	属性值	附加
名称	TC1	☐
砼标号	(C25)	☐
砼类型	(泵送砼(	☐
截面形状	矩形飘窗	☐
离地高度(	700	☐
备注		☐
⊞ 计算属性		

图 2.99

3)做法套用

分析结施-9 的节点 1、结施-12、结施-13、建施-4,TC1 是由底板、顶板、带形窗组成,其做法套用如图 2.100 所示。

17	⊟ 011407001	项	墙面喷刷涂料	1. 外墙1-飘窗顶、底板侧边及飘窗侧板 2. 15厚2:1:8水泥石灰砂浆找平; 3. 2厚聚合物防水层; 4. 30厚玻璃微珠保温砂浆保温层 5. 高分子乳液弹性底层涂料一遍 6. 外墙涂料	m2	DDBCMMJ+DGBCMMJ+ CWCBZHXMJ	DDBCMMJ<底板侧面面积>+ DGBCMMJ<顶板侧面面积>+ CWCBZHXMJ<窗外侧板装修面积>
18	└ B5-243	借	外墙多彩花纹涂料 抹灰面		m2	(DDBCMMJ+DGBCMMJ+ CWCBZHXMJ)*1.04	(DDBCMMJ<底板侧面面积>+ DGBCMMJ<顶板侧面面积>+ CWCBZHXMJ<窗外侧板装修面积>)*1.04
19	⊟ 011102001	项	石材楼地面	1.飘窗底板,楼面3一大理石楼面(11ZJ001楼页205) 2.20厚大理石板铺平拍实,水泥浆擦缝; 3.30厚1:4干硬性水泥砂浆; 4.素水泥浆结合层一遍。	m2	DDBDMMJ	DDBDMMJ<底板底面面积>
20	└ B1-16	借	石材块料面层 大理石楼地面 周长3200mm以内 单色		m2	DDBDMMJ	DDBDMMJ<底板底面面积>
21	⊟ 011101001	项	水泥砂浆楼地面		m2	CWDDBDMDMZHXMJ+ CWDGBDMDMZHXMJ	CWDDBDMDMZHXMJ<窗外底板顶面装修面积>+CWDGBDMDMZHXMJ<窗外顶板底面装修面积>
22	└ B1-6	借	整体面层 水泥砂浆 楼地面		m2	CWDDBDMDMZHXMJ+ CWDGBDMDMZHXMJ	CWDDBDMDMZHXMJ<窗外底板顶面装修面积>+CWDGBDMDMZHXMJ<窗外顶板底面装修面积>

图 2.100

4）画法讲解

（1）复制首层门窗到二层

运用"从其他楼层复制图元"复制门、窗、墙洞、带形窗、壁龛到二层，如图2.101所示。

图2.101

（2）修改二层的门窗图元

①删除Ⓓ轴上M1、TLM1；利用"修改构件图元名称"把M1修改成M2，由于M2尺寸比M1宽，M2的位置变成如图2.102所示。

图2.102

②修改二层的门窗，以M2为例。

a. 对M2进行移动，选中M2，单击右键选择"移动"，单击图元并移动图元，如图2.103所示。

图2.103

b. 将门端的中点作为基准点,单击如图 2.104 所示的插入点。

图 2.104

c. 移动后的 M2 位置如图 2.105 所示。

图 2.105

（3）精确布置 TC1

删除 LC3,利用"精确布置"绘制 TC1 图元,绘制好的 TC1 如图 2.106 所示。

图 2.106

四、任务结果

汇总计算,统计二层门窗的工程量,如表 2.41 所示。

表 2.41　二层门窗清单定额量

序号	编码	项目名称及特征	单位	工程量
1	010505008002	雨篷、悬挑板、阳台板 1. 飘窗 2. 混凝土强度等级:C25	m³	0.3875
	A5-92	现拌混凝土 悬挑式阳台、雨篷	10m³	0.0388

续表

序号	编码	项目名称及特征	单位	工程量
2	011101001001	水泥砂浆楼地面	m²	0.275
	B1-6	整体面层 水泥砂浆 楼地面	100m²	0.0028
3	010801001001	木质门 1.门代号及洞口尺寸:M1 1000mm×2100mm 2.木材面油漆做法:11ZJ001 涂101 3.底油一遍 4.调和漆两遍	樘	8
	B4-11	胶合板门 不带纱 不带亮子	100m²	0.168
	B4-161	普通木门五金配件表 镶板门、胶合板门 不带纱扇 不带亮子	100m²	0.168
4	010801001002	木质门 1.门代号及洞口尺寸:M2 1500mm×2100mm 2.木材面油漆做法:11ZJ001 涂101 3.底油一遍 4.调和漆两遍	樘	3
	B4-11	胶合板门 不带纱 不带亮子	100m²	0.0945
	B4-161	普通木门五金配件表 镶板门、胶合板门 不带纱扇 不带亮子	100m²	0.0945
5	010801004001	木质防火门 1.门代号及洞口尺寸:JXM1 550mm×2100mm 2.材质:木质丙级防火检修门	樘	1
	A7-28	防火门 框架式 单面石棉板 门扇制安	100m²	0.0116
6	010801004002	木质防火门 1.门代号及洞口尺寸:JXM2 1200mm×2100mm 2.材质:木质丙级防火检修门	樘	2
	A7-28	防火门 框架式 单面石棉板 门扇制安	100m²	0.0504
7	010802003001	钢质防火门 1.门代号及洞口尺寸:YFM1 1200mm×2100mm 2.门框、扇材质:钢质乙级防火门	樘	2
	B4-93	防火门、防火卷帘门安装 防火门 钢质	100m²	0.0504
8	010807001001	金属(塑钢、断桥)窗 1.窗代号及洞口尺寸:LC1 900mm×2700mm 2.框、扇材质:铝塑框、玻璃上悬窗 3.玻璃品种、厚度:中空玻璃	樘	12
	B4-89	塑钢门窗安装 塑钢中空玻璃窗	100m²	0.2916

续表

序号	编码	项目名称及特征	单位	工程量
9	010807001002	金属(塑钢、断桥)窗 1.窗代号及洞口尺寸:LC2 1200mm×2700mm 2.框、扇材质:铝塑框、玻璃上悬窗 3.玻璃品种、厚度:中空玻璃	樘	24
	B4-89	塑钢门窗安装 塑钢中空玻璃窗	100m²	0.7776
10	010807001004	金属(塑钢、断桥)窗 1.窗代号及洞口尺寸:MQ3 2100mm×3900mm 2.框、扇材质:铝塑框、玻璃上悬窗 3.玻璃品种、厚度:中空玻璃	樘	1
	B4-89	塑钢门窗安装 塑钢中空玻璃窗	100m²	0.8327
11	010807001005	金属(塑钢、断桥)窗 1.窗代号及洞口尺寸:TLC1 1500mm×2700mm 2.框、扇材质:铝塑框、玻璃上悬窗 3.玻璃品种、厚度:中空玻璃	樘	2
	B4-89	塑钢门窗安装 塑钢中空玻璃窗	100m²	0.081
12	011001003001	保温隔热墙面 1.外墙1-飘窗侧板 2.15mm厚2:1:8水泥石灰砂浆找平 3.2mm厚聚合物防水层 4.30mm厚玻化微珠保温砂浆保温层 5.高分子乳液弹性底层涂料一遍 6.外墙涂料	m²	1.12
	B2-33	一般抹灰 墙面、墙裙抹混合砂浆 混凝土外墙	100m²	0.0112
	A9-4	外墙保温 保温砂浆保温系统 保温层 30mm 厚玻化微珠	100m²	0.0112
	A8-102	涂膜防水 厚2mm聚氨酯 涂刷两遍	100m²	0.0112
13	011102001001	石材楼地面 1.飘窗底板,楼面3-大理石楼面(11ZJ001 楼205) 2.20mm厚大理石板铺平拍实,水泥浆擦缝 3.30mm厚1:4干硬性水泥砂浆 4.素水泥浆结合层一遍	m²	1.9375
	B1-16	石材块料面层 大理石楼地面 周长3200mm以内 单色	100m²	0.0194

续表

序号	编码	项目名称及特征	单位	工程量
14	011407001001	墙面喷刷涂料 1. 外墙1-飘窗顶、底板侧边及飘窗侧板 2. 15mm厚2:1:8水泥石灰砂浆找平 3. 2mm厚聚合物防水层 4. 30mm厚玻化微珠保温砂浆保温层 5. 高分子乳液弹性底层涂料一遍 6. 外墙涂料	m²	1.12
	B5-243	外墙多彩花纹涂料 抹灰面	100m²	0.0116
15	011407002001	天棚喷刷涂料 1. 混合砂浆顶棚(11ZJ001顶103) 2. 5mm厚1:1:4水泥石灰砂浆 3. 5mm厚1:0.5:4水泥石灰砂浆 4. 喷水性耐擦洗涂料	m²	1.8
	B3-5	混凝土天棚 一次抹灰 混合砂浆	100m²	0.018
	B5-197	刷乳胶漆 抹灰面 两遍	100m²	0.018

五、总结拓展

组合构件

灵活利用软件中的构件去组合图纸上复杂的构件。以组合飘窗为例,讲解组合构件的操作步骤。飘窗是由底板、顶板、带形窗、墙洞组成。

(1)飘窗底板

①新建飘窗底板,如图2.107所示。

②通过复制建立飘窗顶板,如图2.108所示。

图2.107

图2.108

（2）新建飘窗、墙洞

①新建带形窗,如图2.109所示。

②新建飘窗墙洞,如图2.110所示。

图2.109　　　　　　　　　　　　　图2.110

（3）绘制底板、顶板、带形窗、墙洞

绘制完飘窗底板,在同一位置绘制飘窗顶板,图元标高不相同,可以在同一位置进行绘制。绘制带形窗,需要在外墙外边线的地方把带形窗打断(见图2.111),对带形窗进行偏移(见图2.112),接着绘制飘窗墙洞。

图2.111

图2.112

（4）组合构件

进行右框选(见图2.113),弹出"新建组合构件"对话框,查看是否有多余或缺少的构件,单击右键确定,组合构件完成,如图2.114所示。

图 2.113

图 2.114

思考与练习

(1) Ⓔ轴/④—⑤轴间 LC1 为什么要利用精确布置进行绘制？
(2) 定额中飘窗是否计算建筑面积？

2.3.4 女儿墙、屋面的工程量计算

通过本小节的学习,你将能够:
(1) 确定女儿墙的高度、厚度,确定屋面防水的上卷高度;
(2) 矩形绘制屋面图元;
(3) 图元的拉伸;
(4) 统计本层女儿墙、女儿墙压顶、屋面的工程量。

一、任务说明

①完成二层屋面的女儿墙、屋面的工程量计算。
②汇总计算,统计二层女儿墙、屋面的工程量。

二、任务分析

①从哪张图中可以找到屋面做法? 二层的屋面是什么做法? 都与哪些清单、定额相关?
②从哪张图中可以找到女儿墙的尺寸?

三、任务实施

1)分析图纸

(1)女儿墙及压顶

分析建施-4、建施-8,女儿墙的构造参见建施-8 节点 1,女儿墙墙厚 240mm(以建施-4 平面图为准)。女儿墙墙身为砖墙,压顶材质为混凝土,宽 340mm、高 150mm。

(2)屋面

分析建施-0、建施-1 可知,本层的屋面做法为屋面 3,防水的上卷高度设计没有指明,按照定额默认高度为 250mm。

2)清单、定额计算规则学习

(1)清单计算规则(见表 2.42)

表 2.42　女儿墙、屋面清单计算规则

编号	项目名称	单位	计算规则
010401003	实心砖墙	m³	按设计图示尺寸以体积计算
010507005	扶手、压顶	m³	1.以米计量,按设计图示的中心线延长米计算; 2.以立方米计量,按设计图示尺寸以体积计算
011702008	压顶模板	m²	按模板与现浇混凝土构件的接触面积计算
010902002	屋面涂膜防水	m²	按设计图示尺寸以面积计算。 1.斜屋顶(不包括平屋顶找坡)按斜面积计算,平屋顶按水平投影面积计算; 2.不扣除房上烟囱、风帽底座、风道、屋面小气窗和斜沟所占面积; 3.屋面的女儿墙、伸缩缝和天窗等处的弯起部分,并入屋面工程量内

(2)定额计算规则(见表 2.43)

表 2.43　女儿墙、屋面定额计算规则

编号	项目名称	单位	计算规则
A4-45	加气混凝土砌块	m³	女儿墙高度,自外墙顶面至图示女儿墙顶面高度,分别以不同墙厚并入外墙计算
A5-98	现拌混凝土 压顶	m³	按设计图示体积计算
A13-54	现浇混凝土模板 压顶 木模板木支撑	m²	按模板与现浇混凝土构件的接触面积计算
A9-11	屋面保温 干铺聚乙烯板	m³	按设计实铺厚度以立方米计算,保温层厚度按材料(不包括胶结材料)净厚度计算
A9-18	屋面保温 现浇水泥珍珠岩	m³	
B1-2	找平层 水泥砂浆 在填充材料上 20mm	m²	按设计图示尺寸以面积计算

续表

编号	项目名称	单位	计算规则
A8-27	石油沥青改性卷材 热贴满铺一胶一毡	m^2	卷材屋面,按图示尺寸的水平投影面积乘以规定的坡度系数以平方米计算,但不扣除房上烟囱、风帽底座、风道、屋内小气窗和斜沟所占面积,屋面的女儿墙、伸缩缝和天窗等处的不弯起部分,按图示尺寸并入屋面工程量计算。如图纸无规定时,伸缩缝、女儿墙的弯起部分可按250mm计算;天窗弯起部分可按500mm计算
A8-97	卷材防水 干铺塑料薄膜防潮层	m^2	
B1-6	整体面层 水泥砂浆 楼地面	m^2	按设计图示尺寸以面积计算

3)属性定义

(1)女儿墙的属性定义

女儿墙的属性定义同墙,只是在新建墙体时,把名称改为"女儿墙",其属性定义如图2.115所示。

(2)屋面的属性定义

在模块导航栏中单击"其他"→"屋面",在构件列表中单击"新建"→"新建屋面",在属性编辑框中输入相应的属性值,其属性定义如图2.116所示。

(3)女儿墙压顶

在模块导航栏中单击"其他"→"压顶",在构件列表中单击"新建"→"新建压顶",把名称改为"女儿墙压顶",其属性定义如图2.117所示。

属性名称	属性值	附加
名称	女儿墙	
类别	砌体墙	□
材质	砖	□
砂浆标号	(M5)	□
砂浆类型	(混合砂浆	□
厚度(mm)	240	□
起点顶标高	层底标高+	□
终点顶标高	层底标高+	□
起点底标高	层底标高	□
终点底标高	层底标高	□
轴线距左墙	(120)	□
内/外墙标	外墙	☑
砌筑方式	一眠一斗	□
工艺		□
图元形状	直形	□
填充材料		□
是否为人防	否	□

图2.115

属性名称	属性值	附加
名称	不上人屋	
顶标高(m)	层底标高	□
坡度(°)		□
备注		□

图2.116

属性名称	属性值	附加
名称	YD-1	
材质	现浇混凝	□
砼标号	(C25)	□
砼类型	(泵送砼(	□
截面宽度(	340	□
截面高度(	150	□
截面面积(m	0.051	□
起点顶标高	墙顶标高	□
终点顶标高	墙顶标高	□
轴线距左边	(170)	□
备注		□
⊞ 计算属性		
⊞ 显示样式		

图2.117

4)做法套用

①女儿墙的做法套用,如图2.118所示。

	编码	类别	项目名称	项目特征	单位	工程量表达式	表达式说明
1	010402001	项	砌块墙	1. 砌块品种、规格、强度等级:250厚加气砼砌块 2. 墙体类型:砌体墙 3. 砂浆强度等级:M5混合砂浆	m3	TJ	TJ〈体积〉
2	A4-45	定	加气混凝土砌块		m3	TJ	TJ〈体积〉
1	010507005	项	扶手、压顶		m	CD	CD〈长度〉
2	A5-98	定	现拌砼 压顶		m3	TJ	TJ〈体积〉
3	011702025	项	其他现浇构件		m2	MBMJ	MBMJ〈模板面积〉
4	A13-54	定	现浇砼模板 压顶 木模板木支撑		m2	MBMJ	MBMJ〈模板面积〉

图2.118

②屋面的做法套用,如图2.119所示。

	编码	类别	项目名称	项目特征	单位	工程量表达式	表达式说明
1	011001001	项	保温隔热屋面	1. 不上人屋面(平屋面,11ZJ001 屋107-2F1-50B1水泥砂浆保护层,保温、非上人屋面) 2. 25厚1:2.5水泥砂浆,分格缝面积1m2; 3. 满铺0.3厚聚乙烯薄膜一层; 4. 二层3厚SBS改性沥青防水卷材; 5. 刷基层处理剂一遍; 6. 20厚1:2.5水泥砂浆找平; 7. 20厚(最薄处)1:8水泥珍珠岩找o2%坡; 8. 50厚挤塑聚苯乙烯泡沫塑料板;	m2	MJ	MJ〈面积〉
2	A9-11	定	屋面保温 干铺聚乙烯板		m3	MJ*0.05	MJ〈面积〉*0.05
3	A9-18	定	屋面保温 现浇水泥珍珠岩		m3	MJ*0.118	MJ〈面积〉*0.118
4	B1-2	借	找平层 水泥砂浆 在填充材料上 20mm		m2	MJ	MJ〈面积〉
5	A8-27	定	石油沥青改性卷材 热贴满铺一胶一毡		m2	FSMJ+JBMJ	FSMJ〈防水面积〉+JBMJ〈卷边面积〉
6	A8-27	定	石油沥青改性卷材 热贴满铺一胶一毡		m2	FSMJ+JBMJ	FSMJ〈防水面积〉+JBMJ〈卷边面积〉
7	A8-97	定	卷材防水 干铺塑料薄膜防潮层		m2	FSMJ+JBMJ	FSMJ〈防水面积〉+JBMJ〈卷边面积〉
8	B1-6	借	整体面层 水泥砂浆 楼地面		m2	MJ*1.2	MJ〈面积〉*1.2

图2.119

③女儿墙压顶的做法套用,如图2.120所示。

	编码	类别	项目名称	项目特征	单位	工程量表达式	表达式说明
1	010507005	项	扶手、压顶		m	CD	CD〈长度〉
2	A5-98	定	现拌砼 压顶		m3	TJ	TJ〈体积〉
3	011702025	项	其他现浇构件		m2	MBMJ	MBMJ〈模板面积〉
4	A13-54	定	现浇砼模板 压顶 木模板木支撑		m2	MBMJ	MBMJ〈模板面积〉

图2.120

5)画法讲解

(1)直线绘制女儿墙

采用直线绘制女儿墙,因为画的时候是居中于轴线绘制的,女儿墙图元绘制完成后要对其进行偏移、延伸,使女儿墙各段墙体封闭,绘制好的图元如图2.121所示。

图 2.121

（2）矩形绘制屋面

采用矩形绘制屋面，只要找到两个对角点即可进行绘制，如图 2.122 中的两个对角点。

绘制完屋面，和图纸对应位置的屋面比较，发现缺少一部分，如图 2.123 所示。采用"延伸"的功能把屋面补全，选中屋面，单击要拉伸的面上一点，拖着往延伸的方向找到终点，如图 2.124 所示。

图 2.122

图 2.123

图 2.124

四、任务结果

汇总计算,统计二层女儿墙、压顶及屋面的工程量,如表2.44所示。

表2.44 二层女儿墙、压顶及屋面清单定额量

序号	编码	项目名称及特征	单位	工程量
1	010402001001	砌块墙 1.砌块品种、规格、强度等级:250mm厚加气混凝土砌块 2.墙体类型:砌体墙 3.砂浆强度等级:M5混合砂浆	m³	6.0696
	A4-45	加气混凝土砌块	10m³	0.607
2	010507005001	扶手、压顶	m	33.97
	A5-98	现拌混凝土 压顶	10m³	0.1732
3	011001001001	保温隔热屋面 1.不上人屋面(平屋面,11ZJ001屋107-2F1-50B1水泥砂浆保护层,保温、非上人屋面) 2.25mm厚1:2.5水泥砂浆,分格缝面积1m² 3.满铺0.3mm厚聚乙烯薄膜一层 4.二层3mm厚SBS改性沥青防水卷材 5.刷基层处理剂一遍 6.20mm厚1:2.5水泥砂浆找平 7.20mm厚(最薄处)1:8水泥珍珠岩找2%坡 8.50mm厚挤塑聚苯乙烯泡沫塑料板	m²	144.981
	A9-11	屋面保温 干铺聚乙烯板	10m³	0.7249
	A9-18	屋面保温 现浇水泥珍珠岩	10m³	1.7108
	B1-2	找平层 水泥砂浆 在填充材料上20mm	100m²	1.4498
	A8-27	石油沥青改性卷材 热贴满铺 一胶一毡	100m²	3.4627
	A8-97	卷材防水 干铺塑料薄膜防潮层	100m²	1.7314
	B1-6	整体面层 水泥砂浆 楼地面	100m²	1.7398

2.3.5 过梁、圈梁、构造柱的工程量计算

通过本小节的学习,你将能够:
统计本层的圈梁、过梁、构造柱工程量。

一、任务说明

完成二层过梁、圈梁、构造柱的工程量计算。

二、任务分析

①对比二层与首层的过梁、圈梁、构造柱都有哪些不同？
②构造柱为什么不建议用复制？

三、任务实施

1）分析图纸

（1）过梁、圈梁

分析结施-2、结施-9、建施-4、建施-10、建施-11可知，二层层高为3.9m，外墙上窗的高度为2.7m，窗距地高度为0.7m，外墙上梁高为0.5m，所以外墙窗顶不设置过梁、圈梁，窗底设置圈梁。内墙门顶设置圈梁代替过梁。

（2）构造柱

构造柱的布置位置详见结施-2第八条中的（4）。

2）画法讲解

（1）从首层复制圈梁图元到二层

利用从"其他楼层复制构件图元"的方法复制圈梁图元到二层，对复制过来的图元，利用"三维"显示查看是否正确，比如查看门窗图元是否和梁相撞。

（2）自动生成构造柱

对于构造柱图元，不推荐采用层间复制。如果楼层不是标准层，通过复制过来的构造柱图元容易出现位置错误的问题。

单击"自动生成构造柱"，然后对构造柱图元进行查看，比如看是否在一段墙中重复布置了构造柱图元。查看的目的是保证本层的构造柱图元的位置及属性都是正确的。

四、任务结果

汇总计算，统计二层构造柱、圈梁、过梁的工程量，如表2.45所示。

表2.45 二层过梁、圈梁、构造柱清单定额量

序号	编码	项目名称及特征	单位	工程量
1	010502002001	构造柱 1.混凝土种类：泵送混凝土 2.混凝土强度等级：C25	m³	12.3536
	A5-81	现拌混凝土 构造柱	10m³	1.2354
2	010503004001	圈梁 1.混凝土种类：泵送混凝土 2.混凝土强度等级：C25	m³	4.3251
	A5-84	现拌混凝土 圈梁、过梁、弧形拱形梁	10m³	0.4325

续表

序号	编码	项目名称及特征	单位	工程量
3	010510003001	过梁 1. 预制过梁 2. 混凝土强度等级:C25	m³	0.5508
	A5-115	预制混凝土 异形梁、过梁、拱形梁	10m³	0.0559
	A5-162	梁安装 单体0.4m³ 以内	10m³	0.0554
	A5-225	预制混凝土构件接头灌缝 梁	10m³	0.0551

五、总结拓展

变量标高

对于构件属性中的标高处理一般有两种方式:第一种为直接输入标高的数字,如在组合飘窗的图2.113中就是这样采用的;另一种属性定义中,QL1 的顶标高为"层底标高 +0.1 + 0.6",这种定义标高模式称为变量标高,好处在于进行层间复制时标高不容易出错,省去手动调整标高的麻烦。我们推荐用户使用变量标高。

2.4 三层、四层工程量计算

通过本节的学习,你将能够:
(1)掌握块存盘、块提取;
(2)掌握批量选择构件图元的方法;
(3)掌握批量删除的方法;
(4)统计三层、四层各构件图元的工程量。

一、任务说明

完成三层、四层的工程量计算。

二、任务分析

①对比三层、四层与二层的图纸都有哪些不同?
②如何快速对图元进行批量选定、删除工作?
③做法套用有快速方法吗?

三、任务实施

1)分析三层图纸

①分析结施-5,三层Ⓒ轴位置的矩形 KZ3 在二层为圆形 KZ2,其他柱和二层柱一样。

②由结施-5、结施-9、结施-13可知,三层剪力墙、梁、板、后浇带与二层完全相同。

③对比建施-4与建施-5发现,三层和二层砌体墙基本相同,三层有一段弧形墙体。

④二层天井的地方在三层为办公室,因此增加几道墙体。

2)绘制三层图元

运用"从其他楼层复制构件图元"的方法复制图元到三层。建议构造柱不要进行复制,用"自动生成构造柱"的方法绘制三层构造柱图元。运用学到的软件功能对三层图元进行修改,保存并汇总计算。

3)三层工程量汇总

汇总计算,统计本层工程量,如表2.46所示。

表2.46 三层清单定额量

序号	编码	项目名称及特征	单位	工程量
1	010505008002	雨篷、悬挑板、阳台板 1.飘窗 2.混凝土强度等级:C25	m³	0.3875
	A5-92	现拌混凝土 悬挑式阳台、雨篷	10m³	0.0388
2	011101001002	水泥砂浆楼地面	m²	0.275
	B1-6	整体面层 水泥砂浆 楼地面	100m²	0.0028
3	010402001001	砌块墙 1.砌块品种、规格、强度等级:250mm厚加气混凝土砌块 2.墙体类型:砌体墙 3.砂浆强度等级:M5混合砂浆	m³	40.6477
	A4-45	加气混凝土砌块	10m³	4.0648
4	010402001002	砌块墙 1.砌块品种、规格、强度等级:200 mm 厚加气混凝土砌块 2.墙体类型:砌体墙 3.砂浆强度等级:M5混合砂浆	m³	71.6851
	A4-45	加气混凝土砌块	10m³	7.1685
5	010402001003	砌块墙 1.砌块品种、规格、强度等级:100mm厚加气混凝土砌块 2.墙体类型:砌体墙 3.砂浆强度等级:M5混合砂浆	m³	2.1215
	A4-45	加气混凝土砌块	10m³	0.2122

续表

序号	编码	项目名称及特征	单位	工程量
6	010502001002	矩形柱 1.混凝土种类:泵送混凝土 2.混凝土强度等级:C25	m³	35.595
	A5-109	商品混凝土构件 地面以上输送高度30m以内 柱	100m³	0.356
7	010502002001	构造柱 1.混凝土种类:泵送混凝土 2.混凝土强度等级:C25	m³	12.6111
	A5-81	现拌混凝土 构造柱	10m³	1.2611
8	010503004001	圈梁 1.混凝土种类:泵送混凝土 2.混凝土强度等级:C25	m³	5.1772
	A5-84	现拌混凝土 圈梁、过梁、弧形拱形梁	10m³	0.5177
9	010504001002	直形墙 1.混凝土种类:泵送混凝土 2.混凝土强度等级:C25	m³	1.3275
	A5-109	商品混凝土构件 地面以上输送高度30m以内 墙	100m³	0.0133
10	010504001003	直形墙 1.混凝土种类:泵送混凝土 2.混凝土强度等级:C25	m³	75.7758
	A5-109	商品混凝土构件 地面以上输送高度30m以内 墙	100m³	0.7578
11	010505001002	有梁板 1.混凝土种类:泵送混凝土 2.混凝土强度等级:C25	m³	136.982
	A5-108	商品混凝土构件 地面以上输送高度30m以内 梁板	100m³	1.3698
12	010505003002	平板 1.混凝土种类:泵送混凝土 2.混凝土强度等级:C25	m³	1.0138
	A5-108	商品混凝土构件 地面以上输送高度30m以内 梁板	100m³	0.0101
13	010508001002	后浇带 1.混凝土种类:泵送混凝土 2.混凝土强度等级:C30	m³	2.3617
	A5-108	商品混凝土构件 地面以上输送高度30m以内 梁板	100m³	0.0236
	A5-102	后浇带增加费 其他部位	m	18.6336

续表

序号	编码	项目名称及特征	单位	工程量
14	010510003001	过梁 1. 预制过梁 2. 混凝土强度等级:C25	m^3	0.6768
	A5-115	预制混凝土 异形梁、过梁、拱形梁	$10m^3$	0.0687
	A5-162	梁安装 单体0.4m^3以内	$10m^3$	0.068
	A5-225	预制混凝土构件接头灌缝 梁	$10m^3$	0.0677
15	010801001001	木质门 1. 门代号及洞口尺寸:M1 1000mm×2100mm 2. 木材面油漆做法:11ZJ001 涂101 3. 底油一遍 4. 调和漆两遍	樘	8
	B4-11	胶合板门 不带纱 不带亮子	$100m^2$	0.168
	B4-161	普通木门五金配件表 镶板门、胶合板门 不带纱扇 不带亮子	$100m^2$	0.168
16	010801001002	木质门 1. 门代号及洞口尺寸:M1 1500mm×2100mm 2. 木材面油漆做法:11ZJ001 涂101 3. 底油一遍 4. 调和漆两遍	樘	6
	B4-11	胶合板门 不带纱 不带亮子	$100m^2$	0.189
	B4-161	普通木门五金配件表 镶板门、胶合板门 不带纱扇 不带亮子	$100m^2$	0.189
17	010801004001	木质防火门 1. 门代号及洞口尺寸:JXM1 550mm×2000mm 2. 材质:木质丙级防火检修门	樘	1
	A7-28	防火门 框架式 单面石棉板 门扇制安	$100m^2$	0.011
18	010801004002	木质防火门 1. 门代号及洞口尺寸:JXM1 1200mm×2000mm 2. 材质:木质丙级防火检修门	樘	2
	A7-28	防火门 框架式 单面石棉板 门扇制安	$100m^2$	0.048
19	010802003001	钢质防火门 1. 门代号及洞口尺寸:YFM1 1200mm×2100mm 2. 门框、扇材质:钢质乙级防火门	樘	2
	B4-93	防火门、防火卷帘门安装 防火门 钢质	$100m^2$	0.0504

续表

序号	编码	项目名称及特征	单位	工程量
20	010807001001	金属(塑钢、断桥)窗 1.窗代号及洞口尺寸:LC1 900mm×2700mm 2.框、扇材质:铝塑框、玻璃上悬窗 3.玻璃品种、厚度:中空玻璃	樘	24
	B4-89	塑钢门窗安装 塑钢中空玻璃窗	100m²	0.5832
21	010807001002	金属(塑钢、断桥)窗 1.窗代号及洞口尺寸:LC2 1200mm×2700mm 2.框、扇材质:铝塑框、玻璃上悬窗 3.玻璃品种、厚度:中空玻璃	樘	24
	B4-89	塑钢门窗安装 塑钢中空玻璃窗	100m²	0.7776
22	010807001006	金属(塑钢、断桥)窗 1.窗代号及洞口尺寸:TLC1 1500mm×2700mm 2.框、扇材质:铝塑框、玻璃上悬窗 3.玻璃品种、厚度:中空玻璃	樘	2
	B4-89	塑钢门窗安装 塑钢中空玻璃窗	100m²	0.081
23	011001003001	保温隔热墙面 1.外墙1-飘窗侧板 2.15mm厚2:1:8水泥石灰砂浆找平 3.2mm厚聚合物防水层 4.30mm厚玻化微珠保温砂浆保温层 5.高分子乳液弹性底层涂料一遍 6.外墙涂料	m²	1.12
	B2-33	一般抹灰 墙面、墙裙抹混合砂浆 混凝土外墙	100m²	0.0112
	A9-4	外墙保温 保温砂浆保温系统 保温层30mm厚玻化微珠	100m²	0.0112
	A8-102	涂膜防水 厚2mm聚氨酯 涂刷两遍	100m²	0.0112
24	011102001002	石材楼地面 1.飘窗底板,楼面3-大理石楼面(11ZJ001 楼205) 2.20mm厚大理石板铺平拍实,水泥浆擦缝 3.30mm厚1:4干硬性水泥砂浆 4.素水泥浆结合层一遍	m²	1.9375
	B1-16	石材块料面层 大理石楼地面 周长3200mm以内 单色	100m²	0.0194

续表

序号	编码	项目名称及特征	单位	工程量
25	011201001001	墙面一般抹灰 1. 墙体类型：飘窗侧板混凝土墙 2. 内墙面 1：混合砂浆墙面（11ZJ001 内墙 102B） 3. 刷专用界面剂一遍 4. 15mm 厚 1:1:6 水泥石灰砂浆，分两次抹灰 5. 5mm 厚 1:0.5:3 水泥石灰砂浆 6. 刷乳胶漆	m²	0
	B2-32	一般抹灰 墙面、墙裙抹混合砂浆 混凝土内墙	100m²	0
	B5-197	刷乳胶漆 抹灰面 两遍	100m²	0
26	011407001001	墙面喷刷涂料 1. 外墙 1-飘窗顶、底板侧边及飘窗侧板 2. 15mm 厚 2:1:8 水泥石灰砂浆找平 3. 2mm 厚聚合物防水层 4. 30mm 厚玻化微珠保温砂浆保温层 5. 高分子乳液弹性底层涂料一遍 6. 外墙涂料	m²	1.12
	B5-243	外墙多彩花纹涂料 抹灰面	100m²	0.0116
27	011407002002	天棚喷刷涂料 1. 混合砂浆顶棚（11ZJ001 顶 103） 2. 5mm 厚 1:1:4 水泥石灰砂浆 3. 5mm 厚 1:0.5:4 水泥石灰砂浆 4. 喷水性耐擦洗涂料	m²	1.8
	B3-5	混凝土天棚 一次抹灰 混合砂浆	100m²	0.018
	B5-197	刷乳胶漆 抹灰面 两遍	100m²	0.018

4）分析四层图纸

（1）结构图纸分析

分析结施-5、结施-9 与结施-10、结施-13 与结施-14 可知，四层的框架柱和端柱与三层的图元是相同的；大部分梁的截面尺寸和三层的相同，只是名称发生了变化；板的名称和截面都发生了变化；四层的连梁高度发生了变化，LL1 下的洞口高度为 3.9m − 1.3m = 2.6m，LL2 下的洞口高度不变，为 2.6m；剪力墙的截面没发生变化。

（2）建筑图纸分析

从建施-5、建施-6可以看出，四层和三层的房间数发生了变化。

结合以上分析，建立四层构件图元，可以采用前面介绍过的两种层间复制图元的方法。本节将介绍另一种快速建立整层图元的方法：块存盘、块提取。

5）一次性建立整层构件图元

（1）块存盘

在黑色绘图区域下方的显示栏选择"第3层"（见图2.125），单击"楼层"，在下拉菜单中可以看到"块存盘""块提取"，如图2.126所示。

图2.125

图2.126

单击"块存盘"，框选本层，然后单击基准点即①轴与Ⓐ轴的交点（见图2.127），弹出"另存为"对话框，可以对文件保存的位置进行更改，这里选择保存在桌面上，如图2.128所示。

图 2.127

图 2.128

（2）块提取

在显示栏中切换楼层到第 4 层,单击"楼层"→"块提取",弹出"打开"对话框,选择保存在桌面上的块文件,单击"打开"按钮(见图 2.129),屏幕上出现如图 2.130 所示的结果,单击①轴和Ⓐ轴的交点,弹出"块提取成功"提示对话框。

图 2.129

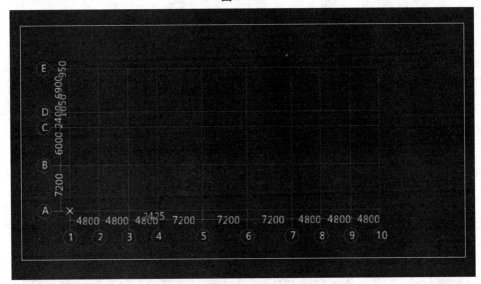

图 2.130

6)四层构件及图元的核对修改

（1）柱、剪力墙构件及图元的核对修改

对柱、剪力墙图元的位置、截面尺寸、混凝土标号进行核对修改。

（2）梁、板构件及图元的核对修改

①利用修改构件名称建立梁构件。选中Ⓔ轴 KL3，在属性编辑框"名称"一栏修改"KL3"为"WKL-3"，如图 2.131 所示。

②批量选择构件图元（F3键）。单击模块导航栏中的"板"，切换到"板构件"，按下"F3"键，弹出如图 2.132 所示"批量选择构件图元"对话框，选择所有的板，然后单击"确定"按钮，能看到绘图界面的板图元都被选中（见图 2.133），按下"Delete"键，弹出"是否删除当前选中的图元"的确认对话框（见图 2.134），单击"是"按钮。删除板的构件图元以后，单击"构件列表"→"构件名称"，可以看到所有的板构件都被选中（见图 2.135），单击右键选择"删除"，在弹出的确认对话框中单击"是"按钮，可以看到构件列表为空。

图 2.131   图 2.132

图 2.133

图 2.134

图 2.135

③新建板构件并绘制图元。板构件的属性定义及绘制参见第 2.2.4 节的相关内容。注意 LB1 的标高为 17.4m。

（3）砌块墙、门窗、过梁、圈梁、构造柱构件及图元的核对修改

利用延伸、删除等功能对四层砌块墙体图元进行绘制；利用精确布置、修改构件图元名称绘制门窗洞口构件图元；按"F3"键选择内墙 QL1，删除图元，利用智能布置重新绘制 QL1 图元；按"F3"键选择构造柱，删除构件图元，然后在构件列表中删除其构件；单击"自动生成构造柱"快速生成图元，检查复核构造柱的位置是否按照图纸要求进行设置。

（4）后浇带、建筑面积构件及图元核对修改

对比图纸，查看后浇带的宽度、位置是否正确。四层后浇带和三层无异，无须修改；建筑面积三层和四层无差别，无须修改。

7）做法刷套用做法

单击"框架柱构件"，双击进入套取做法界面，可以看到通过"块提取"建立的构件中没有做法，那么怎样才能对四层所有的构件套取做法呢？下面利用"做法刷"功能来套取做法。

切换到"第 3 层"，如图 2.136 所示。在构件列表中双击 KZ1，进入套取做法界面，单击"做法刷"，勾选第 4 层的所有框架柱（见图 2.137），单击右键确定即可。

图 2.136

图 2.137

四、任务结果

汇总计算,统计四层工程量,如表 2.47 所示。

表 2.47 四层清单定额量

序号	编码	项目名称及特征	单位	工程量
1	010505008002	雨篷、悬挑板、阳台板 1. 飘窗 2. 混凝土强度等级:C25	m³	0.3875
	A5-92	现拌混凝土 悬挑式阳台、雨篷	10m³	0.0388

续表

序号	编码	项目名称及特征	单位	工程量
2	011101001002	水泥砂浆楼地面	m^2	0.275
	B1-6	整体面层 水泥砂浆 楼地面	$100m^2$	0.0028
3	010402001001	砌块墙 1. 砌块品种、规格、强度等级:250mm 厚加气混凝土砌块 2. 墙体类型:砌体墙 3. 砂浆强度等级:M5 混合砂浆	m^3	40.6506
	A4-45	加气混凝土砌块	$10m^3$	4.0651
4	010402001002	砌块墙 1. 砌块品种、规格、强度等级:200mm 厚加气混凝土砌块 2. 墙体类型:砌体墙 3. 砂浆强度等级:M5 混合砂浆	m^3	86.768
	A4-45	加气混凝土砌块	$10m^3$	8.6768
5	010402001003	砌块墙 1. 砌块品种、规格、强度等级:100mm 厚加气混凝土砌块 2. 墙体类型:砌体墙 3. 砂浆强度等级:M5 混合砂浆	m^3	1.9697
	A4-45	加气混凝土砌块	$10m^3$	0.197
6	010502001002	矩形柱 1. 混凝土种类:泵送混凝土 2. 混凝土强度等级:C25	m^3	35.4
	A5-109	商品混凝土构件 地面以上输送高度 30m 以内 柱	$100m^3$	0.354
7	010502002001	构造柱 1. 混凝土种类:泵送混凝土 2. 混凝土强度等级:C25	m^3	13.7318
	A5-81	现拌混凝土 构造柱	$10m^3$	1.3732
8	010503004001	圈梁 1. 混凝土种类:泵送混凝土 2. 混凝土强度等级:C25	m^3	5.4546
	A5-84	现拌混凝土 圈梁、过梁、弧形拱形梁	$10m^3$	0.5455
9	010504001002	直形墙 1. 混凝土种类:泵送混凝土 2. 混凝土强度等级:C25	m^3	1.3275
	A5-109	商品混凝土构件 地面以上输送高度 30m 以内 墙	$100m^3$	0.0133

续表

序号	编码	项目名称及特征	单位	工程量
10	010504001003	直形墙 1.混凝土种类:泵送混凝土 2.混凝土强度等级:C25	m^3	75.7758
	A5-109	商品混凝土构件 地面以上输送高度30m以内 墙	$100m^3$	0.7578
11	010505001002	有梁板 1.混凝土种类:泵送混凝土 2.混凝土强度等级:C25	m^3	137.7799
	A5-108	商品混凝土构件 地面以上输送高度30m以内 梁板	$100m^3$	1.3777
12	010505003002	平板 1.混凝土种类:泵送混凝土 2.混凝土强度等级:C25	m^3	0.4996
	A5-108	商品混凝土构件 地面以上输送高度30m以内 梁板	$100m^3$	0.005
13	010508001002	后浇带 1.混凝土种类:泵送混凝土 2.混凝土强度等级:C30	m^3	2.3617
	A5-108	商品混凝土构件 地面以上输送高度30m以内 梁板	$100m^3$	0.0236
	A5-102	后浇带增加费 其他部位	m	18.6336
14	010510003001	过梁 1.预制过梁 2.混凝土强度等级:C25	m^3	0.7272
	A5-115	预制混凝土 异形梁、过梁、拱形梁	$10m^3$	0.0738
	A5-162	梁安装 单体0.4m^3以内	$10m^3$	0.0731
	A5-225	预制混凝土构件接头灌缝 梁	$10m^3$	0.0727
15	010801001001	木质门 1.门代号及洞口尺寸:M1 1000mm×2100mm 2.木材面油漆做法:11ZJ001 涂101 3.底油一遍 4.调和漆两遍	樘	8
	B4-11	胶合板门 不带纱 不带亮子	$100m^2$	0.168
	B4-161	普通木门五金配件表 镶板门、胶合板门 不带纱扇 不带亮子	$100m^2$	0.168
16	010801001002	木质门 1.门代号及洞口尺寸:M1 1500mm×2100mm 2.木材面油漆做法:11ZJ001 涂101 3.底油一遍 4.调和漆两遍	樘	7

续表

序号	编码	项目名称及特征	单位	工程量
16	B4-11	胶合板门 不带纱 不带亮子	100m²	0.2205
	B4-161	普通木门五金配件表 镶板门、胶合板门 不带纱扇 不带亮子	100m²	0.2205
17	010801004001	木质防火门 1.门代号及洞口尺寸:JXM1 550mm×2000mm 2.材质:木质丙级防火检修门	樘	1
	A7-28	防火门 框架式 单面石棉板 门扇制安	100m²	0.011
18	010801004002	木质防火门 1.门代号及洞口尺寸:JXM1 1200mm×2000mm 2.材质:木质丙级防火检修门	樘	2
	A7-28	防火门 框架式 单面石棉板 门扇制安	100m²	0.048
19	010802003001	钢质防火门 1.门代号及洞口尺寸:YFM1 1200mm×2100mm 2.门框、扇材质:钢质乙级防火门	樘	2
	B4-93	防火门、防火卷帘门安装 防火门 钢质	100m²	0.0504
20	010807001001	金属(塑钢、断桥)窗 1.窗代号及洞口尺寸:LC1 900mm×2700mm 2.框、扇材质:铝塑框、玻璃上悬窗 3.玻璃品种、厚度:中空玻璃	樘	24
	B4-89	塑钢门窗安装 塑钢中空玻璃窗	100m²	0.5832
21	010807001002	金属(塑钢、断桥)窗 1.窗代号及洞口尺寸:LC2 1200mm×2700mm 2.框、扇材质:铝塑框、玻璃上悬窗 3.玻璃品种、厚度:中空玻璃	樘	24
	B4-89	塑钢门窗安装 塑钢中空玻璃窗	100m²	0.7776
22	010807001006	金属(塑钢、断桥)窗 1.窗代号及洞口尺寸:TLC1 1500mm×2700mm 2.框、扇材质:铝塑框、玻璃上悬窗 3.玻璃品种、厚度:中空玻璃	樘	2
	B4-89	塑钢门窗安装 塑钢中空玻璃窗	100m²	0.081
23	011001003001	保温隔热墙面 1.外墙1-飘窗侧板 2.15mm厚2:1:8水泥石灰砂浆找平 3.2mm厚聚合物防水层 4.30mm厚玻化微珠保温砂浆保温层 5.高分子乳液弹性底层涂料一遍 6.外墙涂料	m²	1.12

续表

序号	编码	项目名称及特征	单位	工程量
23	B2-33	一般抹灰 墙面、墙裙抹混合砂浆 混凝土外墙	100m²	0.0112
	A9-4	外墙保温 保温砂浆保温系统 保温层30mm厚玻化微珠	100m²	0.0112
	A8-102	涂膜防水 厚2mm聚氨酯 涂刷两遍	100m²	0.0112
24	011102001002	石材楼地面 1.飘窗底板,楼面3-大理石楼面(11ZJ001楼205) 2.20mm厚大理石板铺平拍实,水泥浆擦缝 3.30mm厚1:4干硬性水泥砂浆 4.素水泥浆结合层一遍	m²	1.9375
	B1-16	石材块料面层 大理石楼地面 周长3200mm以内 单色	100m²	0.0194
25	011201001001	墙面一般抹灰 1.墙体类型:飘窗侧板混凝土墙 2.内墙面1:混合砂浆墙面(11ZJ001内墙102B) 3.刷专用界面剂一遍 4.15mm厚1:1:6水泥石灰砂浆,分两次抹灰 5.5mm厚1:0.5:3水泥石灰砂浆 6.刷乳胶漆	m²	0
	B2-32	一般抹灰 墙面、墙裙抹混合砂浆 混凝土内墙	100m²	0
	B5-197	刷乳胶漆 抹灰面 两遍	100m²	0
26	011407001001	墙面喷刷涂料 1.外墙1-飘窗顶、底板侧边及飘窗侧板 2.15mm厚2:1:8水泥石灰砂浆找平 3.2mm厚聚合物防水层 4.30mm厚玻化微珠保温砂浆保温层 5.高分子乳液弹性底层涂料一遍 6.外墙涂料	m²	1.12
	B5-243	外墙多彩花纹涂料 抹灰面	100m²	0.0116
27	011407002002	天棚喷刷涂料 1.混合砂浆顶棚(11ZJ001顶103) 2.5mm厚1:1:4水泥石灰砂浆 3.5mm厚1:0.5:4水泥石灰砂浆 4.喷水性耐擦洗涂料	m²	1.8
	B3-5	混凝土天棚 一次抹灰 混合砂浆	100m²	0.018
	B5-197	刷乳胶漆 抹灰面 两遍	100m²	0.018

五、总结拓展

（1）删除不存在图元的构件

单击梁构件列表的"过滤"，选择"当前楼层未使用的构件"，单击如图 2.138 所示的位置，一次性选择所有构件，单击右键选择"删除"即可。单击"过滤"，选择"当前楼层使用构件"。

图 2.138

（2）查看工程量的方法

下面简单介绍几种在绘图界面查看工程量的方式。

①单击"查看工程量"，选中要查看的构件图元，弹出"查看构件图元工程量"对话框，可以查看做法工程量、清单工程量、定额工程量，如图 2.139 和图 2.140 所示。

图 2.139

图 2.140

②按"F3"键批量选择构件图元,然后单击"查看工程量",可以查看做法工程量、清单工程量、定额工程量。

③单击"查看计算式",选择单一图元,弹出"查看构件图元工程量计算式",可以查看此图元的详细计算式,还可以利用"查看三维扣减图"查看详细工程量计算式。

思考与练习

分析可不可以用"块复制"建立三层图元。

2.5 机房及屋面工程量计算

通过本节的学习,你将能够:
(1)掌握三点定义斜板的画法;
(2)掌握屋面的定义与做法套用;
(3)绘制屋面图元;
(4)统计机房及屋面的工程量。

一、任务说明

①完成机房及屋面工程的构件定义、做法套用及图元绘制。
②汇总计算,统计机房及屋面的工程量。

二、任务分析

①机房及屋面各都有什么构件? 机房中的墙、柱尺寸在什么图中能找到?
②此层屋面与二层屋面的做法有什么不同?
③斜板、斜墙如何定义绘制?

三、任务实施

1)分析图纸

①分析建施-8 可知,机房的屋面是由平屋面 + 坡屋面组成,以④轴为分界线。

②坡屋面是结构找坡,本工程为结构板找坡,斜板下的梁、墙、柱的起点顶标高和终点顶标高不再是同一标高。

2)板的属性定义

结施-14 中 WB2、YXB3、YXB4 的厚度都是 150mm,在画板图元时可以统一按照 WB2 绘制,方便绘制斜板图元。屋面板的属性定义操作同板,其属性定义如图 2.141 所示。

3)做法套用

①坡屋面的做法套用,如图 2.142 所示。

属性编辑框		
属性名称	属性值	附加
名称	WB-2	☐
类别	有梁板	☐
砼标号	(C25)	☐
砼类型	(泵送砼(	☐
厚度(mm)	150	☐
顶标高(m)	层顶标高	☐
是否是楼板	是	☐
是否是空心	否	☐
图元形状	平板	☐
模板类型	组合钢模	☐
支撑类型	钢支撑	☐
备注		☐

图 2.141

	编码	类别	项目名称	项目特征	单位	工程量表达式	表达式说明
1	⊟ 011001001	项	保温隔热屋面	1. 不上人屋面（坡屋面）； 2. 25厚1：2.5水泥砂浆，分格缝面积1m2； 3. 满铺0.3厚聚乙烯薄膜一层； 4. 二层3厚SBS改性沥青防水卷材； 5. 刷基层处理剂一遍； 6. 20厚1：2.5水泥砂浆找平 7. 50厚挤塑聚苯乙烯泡沫塑料板；	m2	MJ	MJ＜面积＞
2	A9-11	定	屋面保温 干铺聚乙烯板		m3	MJ*0.05	MJ＜面积＞*0.05
3	B1-2	借	找平层 水泥砂浆 在填充材料上 20mm		m2	MJ	MJ＜面积＞
4	A8-27	定	石油沥青改性卷材 热贴满铺 一胶一毡		m2	FSMJ+JBMJ	FSMJ＜防水面积＞+JBMJ＜卷边面积＞
5	A8-27	定	石油沥青改性卷材 热贴满铺 一胶一毡		m2	FSMJ+JBMJ	FSMJ＜防水面积＞+JBMJ＜卷边面积＞
6	A8-97	定	卷材防水 干铺塑料薄膜防潮层		m2	FSMJ+JBMJ	FSMJ＜防水面积＞+JBMJ＜卷边面积＞
7	B1-6	借	整体面层 水泥砂浆 楼地面		m2	MJ*1.2	MJ＜面积＞*1.2

图 2.142

②上人屋面的做法套用，如图 2.143 所示。

	编码	类别	项目名称	项目特征	单位	工程量表达式	表达式说明
1	⊟ 011001001	项	保温隔热屋面	1. 上人屋面（平屋面，11ZJ001 屋面-2F1-50B1水泥砂浆保护层，保温，非上人屋面）； 2. 25厚1：2.5水泥砂浆，分格缝面积1m2； 3. 满铺0.3厚聚乙烯薄膜一层； 4. 二层3厚SBS改性沥青防水卷材； 5. 刷基层处理剂一遍； 6. 20厚1：2.5水泥砂浆找平； 7. 20厚（最薄处）1：8水泥珍珠岩找2%； 8. 50厚挤塑聚苯乙烯泡沫塑料板；	m2	MJ	MJ＜面积＞
2	A9-11	定	屋面保温 干铺聚乙烯板		m3	MJ*0.05	MJ＜面积＞*0.05
3	A9-18	定	屋面保温 现浇水泥珍珠岩		m3	MJ*0.118	MJ＜面积＞*0.118
4	B1-2	借	找平层 水泥砂浆 在填充材料上 20mm		m2	MJ	MJ＜面积＞
5	A8-27	定	石油沥青改性卷材 热贴满铺 一胶一毡		m2	FSMJ*2	FSMJ＜防水面积＞*2
6	A8-97	定	卷材防水 干铺塑料薄膜防潮层		m2	JBMJ	JBMJ＜卷边面积＞
7	B1-6	借	整体面层 水泥砂浆 楼地面		m2	MJ*1.2	MJ＜面积＞*1.2

图 2.143

4）画法讲解

（1）三点定义斜板

单击"三点定义斜板"，选择 WB2，可以看到选中的板边缘变成淡蓝色，如图 2.144 所示。在有数字的地方按照图纸的设计输入标高（见图 2.145），输入标高后一定要按下"Enter"键保存输入的数据。输入标高后，可以看到板上有一个箭头，这表示斜板已经绘制完成，箭头指向标高低的方向，如图 2.146 所示。

图 2.144

图 2.145

图 2.146

（2）平齐板顶

右键单击"平齐板顶"（见图 2.147），选择梁、墙、柱图元（见图 2.148），弹出确认对话框询问"是否同时调整手动修改顶标高后的柱、墙、梁顶标高"（见图 2.149），单击"是"按钮，然后利用三维查看斜板的效果，如图 2.150 所示。

图 2.147

图 2.148

图 2.149

图 2.150

（3）智能布置屋面图元

建立好屋面构件，单击"智能布置"（见图 2.151），选择"外墙内边线"（见图 2.152），智能布置后的图元如图 2.153 所示。单击"定义屋面卷边"，设置屋面卷边高度。单击"智能布置"→"现浇板"，选择机房屋面板，单击"三维"按钮查看布置后的屋面（见图 2.154）。

图 2.151

图 2.152

图 2.153

图 2.154

（4）绘制建筑面积图元

矩形绘制机房层建筑面积,绘制建筑面积图元后对比图纸,可以看到机房层的建筑面积并不是一个规则的矩形,单击"分割"→"矩形",如图 2.155 所示。

图 2.155

四、任务结果

汇总计算,统计机房及屋面层工程量,如表 2.48 所示。

表 2.48　机房及屋面清单定额量

序号	编码	项目名称及特征	单位	工程量
1	010402001001	砌块墙 1.砌块品种、规格、强度等级:250mm 厚加气混凝土砌块 2.墙体类型:砌体墙 3.砂浆强度等级:M5 混合砂浆	m^3	26.7852
	A4-45	加气混凝土砌块	10m^3	2.6785
2	010402001002	砌块墙 1.砌块品种、规格、强度等级:200mm 厚加气混凝土砌块 2.墙体类型:砌体墙 3.砂浆强度等级:M5 混合砂浆	m^3	12.9536
	A4-45	加气混凝土砌块	10m^3	1.2954

续表

序号	编码	项目名称及特征	单位	工程量
3	010402001003	砌块墙 1.砌块品种、规格、强度等级:100mm 厚加气混凝土砌块 2.墙体类型:砌体墙 3.砂浆强度等级:M5 混合砂浆	m³	0.4873
	A4-45	加气混凝土砌块	10m³	0.0487
4	010502001002	矩形柱 1.混凝土种类:泵送混凝土 2.混凝土强度等级:C25	m³	6.556
	A5-109	商品混凝土构件 地面以上输送高度30m 以内 墙柱	100m³	0.0656
5	010502002001	构造柱 1.混凝土种类:泵送混凝土 2.混凝土强度等级:C25	m³	4.3925
	A5-81	现拌混凝土 构造柱	10m³	0.4393
6	010503004001	圈梁 1.混凝土种类:泵送混凝土 2.混凝土强度等级:C25	m³	0.7521
	A5-84	现拌混凝土 圈梁、过梁、弧形拱形梁	10m³	0.0752
7	010504001003	直形墙 1.混凝土种类:泵送混凝土 2.混凝土强度等级:C25	m³	14.1129
	A5-109	商品混凝土构件 地面以上输送高度30m 以内 墙柱	100m³	0.1411
8	010505001002	有梁板 1.混凝土种类:泵送混凝土 2.混凝土强度等级:C25	m³	23.0077
	A5-108	商品混凝土构件 地面以上输送高度30m 以内 梁板	100m³	0.2287
9	010507005001	扶手、压顶	m	147.7619
	A5-98	现拌混凝土 压顶	10m³	0.7529
10	010510003001	过梁 1.预制过梁 2.混凝土强度等级:C25	m³	0.4572
	A5-115	预制混凝土 异形梁、过梁、拱形梁	10m³	0.0464
	A5-162	梁安装 单体 0.4m³ 以内	10m³	0.0459
	A5-225	预制混凝土构件接头灌缝 梁	10m³	0.0457

续表

序号	编码	项目名称及特征	单位	工程量
11	010802003001	钢质防火门 1.门代号及洞口尺寸：YFM1 1200mm×2100mm 2.门框、扇材质：钢质乙级防火门	樘	2
	B4-93	防火门、防火卷帘门安装 防火门 钢质	100m²	0.0504
12	010807001001	金属(塑钢、断桥)窗 1.窗代号及洞口尺寸：LC1 900mm×2700mm 2.框、扇材质：铝塑框、玻璃上悬窗 3.玻璃品种、厚度：中空玻璃	樘	4
	B4-89	塑钢门窗安装 塑钢中空玻璃窗	100m²	0.0648
13	010807001006	金属(塑钢、断桥)窗 1.窗代号及洞口尺寸：LC5 1200mm×1800mm 2.框、扇材质：铝塑框、玻璃上悬窗 3.玻璃品种、厚度：中空玻璃	樘	2
	B4-89	塑钢门窗安装 塑钢中空玻璃窗	100m²	0.0432
14	011001001001	保温隔热屋面 1.不上人屋面(平屋面,11ZJ001 屋 107-2F1-50B1 水泥砂浆保护层,保温、非上人屋面) 2.25mm 厚 1:2.5 水泥砂浆,分格缝面积 1m² 3.满铺 0.3mm 厚聚乙烯薄膜一层 4.二层 3mm 厚 SBS 改性沥青防水卷材 5.刷基层处理剂一遍 6.20mm 厚 1:2.5 水泥砂浆找平 7.20mm 厚(最薄处):1:8水泥珍珠岩找 2% 坡 8.50mm 厚挤塑聚苯乙烯泡沫塑料板	m²	753.546
	A9-11	屋面保温 干铺聚乙烯板	10m³	3.7677
	A9-18	屋面保温 现浇水泥珍珠岩	10m³	8.8918
	B1-2	找平层 水泥砂浆 在填充材料上 20mm	100m²	7.5355
	A8-27	石油沥青改性卷材 热贴满铺 一胶一毡	100m²	15.8339
	A8-97	卷材防水 干铺塑料薄膜防潮层	100m²	0.3815
	B1-6	整体面层 水泥砂浆 楼地面	100m²	9.0426
15	011001001002	保温隔热屋面 1.上人屋面(平屋面 11ZJ001 屋 101-2F1-50B1 地砖保护层屋面,保温、上人屋面) 2.10mm 厚地砖铺平拍实,缝宽 5~8,1:1水泥砂浆填缝 3.25mm 厚 1:4干硬性水泥砂浆 4.满铺 0.3mm 厚聚乙烯薄膜一层		

序号	编码	项目名称及特征	单位	工程量
15	011001001002	5.二层 3mm 厚 SBS 改性沥青防水卷材 6.刷基层处理剂一遍 7.20mm 厚 1:2.5 水泥砂浆找平 8.20mm 厚(最薄处)1:8水泥珍珠岩找 2% 坡 9.50mm 厚挤塑聚苯乙烯泡沫塑料板	m²	64.27
	A9-11	屋面保温 干铺聚乙烯板	10m³	0.3214
	A9-18	屋面保温 现浇水泥珍珠岩	10m³	0.7584
	B1-2	找平层 水泥砂浆 在填充材料上 20mm	100m²	0.6427
	A8-27	石油沥青改性卷材 热贴满铺 一胶一毡	100m²	1.2854
	A8-97	卷材防水 干铺塑料薄膜防潮层	100m²	0.6427
	B1-86	广场砖 不拼图案	100m²	0.6427
16	011001001003	保温隔热屋面 1.不上人屋面(坡屋面) 2.25mm 厚 1:2.5 水泥砂浆,分格缝面积 1m² 3.满铺 0.3mm 厚聚乙烯薄膜一层 4.二层 3mm 厚 SBS 改性沥青防水卷材 5.刷基层处理剂一遍 6.20mm 厚 1:2.5 水泥砂浆找平 7.50mm 厚挤塑聚苯乙烯泡沫塑料板	m²	69.7621
	A9-11	屋面保温 干铺聚乙烯板	10m³	0.3488
	B1-2	找平层 水泥砂浆 在填充材料上 20mm	100m²	0.6976
	A8-27	石油沥青改性卷材 热贴满铺 一胶一毡	100m²	1.3952
	A8-97	卷材防水 干铺塑料薄膜防潮层	100m²	0.6976
	B1-6	整体面层 水泥砂浆 楼地面	100m²	0.8371

五、总结拓展

线性构件起点顶标高与终点顶标高不一样时,如图 2.150 所示的梁就是这种情况。如果这样的梁不在斜板下时,就不能应用"平齐板顶",需要对梁的起点顶标高和终点顶标高进行编辑,以达到图纸上的设计要求。

单击键盘上的"～"键,显示构件的图元方向。选中梁,单击"属性"(见图 2.156),注意梁的起点顶标和终点顶标高都是顶板顶标高。假设梁的起点顶标高为 18.6m,我们对这道梁构件的属性进行编辑(见图 2.157),单击"三维"查看三维效果,如图 2.158 所示。

图 2.156

图 2.157

图 2.158

2.6 地下一层工程量计算

通过本节的学习,你将能够:

(1)分析地下一层要计算哪些构件;

(2)各构件需要计算哪些工程量;

(3)地下一层构件与其他层构件定义与绘制的区别;

(4)计算并统计地下一层的工程量。

2.6.1 地下一层柱的工程量计算

通过本小节的学习,你将能够:
(1)分析本层归类到剪力墙的构件;
(2)掌握异形柱的属性定义及做法套用功能;
(3)绘制异形柱图元;
(4)统计地下一层柱的工程量。

一、任务说明

①完成地下一层柱的构件定义、做法套用及图元绘制。
②汇总计算,统计地下一层柱的工程量。

二、任务分析

①地下一层都有哪些需要计算的构件工程量?
②地下一层中有哪些柱构件不需要绘制?

三、任务实施

1)分析图纸

分析结施-4及结施-6,可以从柱表中得到柱的截面信息,本层包括矩形框架柱、圆形框架柱及异形端柱。

③轴与④轴间以及⑦轴上的 GJZ1、GJZ2、GYZ1、GYZ2、GYZ3、GAZ1,上述柱构件包含在剪力墙里面,图形算量时属于剪力墙内部构件,归到剪力墙里面,在绘图时不需要单独绘制,所以本层需要绘制的柱的主要信息如表2.49所示。

表2.49 柱表

序号	类型	名称	混凝土标号	截面尺寸(mm)	标高	备注
1	矩形框架柱	KZ1	C30	600×600	$-4.400 \sim -0.100$	
		KZ3	C30	600×600	$-4.400 \sim -0.100$	
2	圆形框架柱	KZ2	C30	$D = 850$	$-4.400 \sim -0.100$	
3	异形端柱	GDZ1	C30	详见结施-14 柱截面尺寸	$-4.400 \sim -0.100$	
		GDZ2	C30		$-4.400 \sim -0.100$	
		GDZ3	C30		$-4.400 \sim -0.100$	
		GDZ4	C30		$-4.400 \sim -0.100$	
		GDZ5	C30		$-4.400 \sim -0.100$	
		GDZ6	C30		$-4.400 \sim -0.100$	

2)柱的属性定义

本层 GDZ3、GDZ5、GDZ6 的属性定义在参数化端柱里面找不到类似的参数图,需要考虑用另一种方法定义,新建柱中除了可建立矩形、圆形、参数化柱外,还可以建立异形柱,因此 GDZ3、GDZ5、GDZ6 柱需要在异形柱里面建立。

①首先根据柱的尺寸需要定义网格,单击"新建异形柱",在弹出窗口中输入想要的网格尺寸,单击"确定"按钮即可,如图2.159所示。

图2.159

②用画直线或画弧线的方式绘制想要的参数图,以 GDZ3 为例,如图2.160 所示。

图2.160

3)做法套用

地下一层柱的做法,可以将一层柱的做法利用"做法刷"功能复制过来,步骤如下:

①将 GDZ1 按照图2.161 套用好做法,选择"GDZ1"→单击"定义"→选择"GDZ1 的做法"→

单击"做法刷"。

　　②弹出"做法刷"对话框,选择"－1层"→选择"柱"→选择与首层 GDZ1 做法相同的柱,单击"确定"即可将本层与首层 GDZ1 做法相同的柱定义好做法。

　　③可使用上述相同方法将 KZ1、KZ2、KZ3 套用做法。

图 2.161

四、任务结果

　　①用上面讲述的建立异形柱的方法重新定义本层的异形柱,并绘制本层柱图元。

　　②汇总计算,统计地下一层柱的工程量,如表 2.50 所示。

表 2.50　地下一层柱的清单定额量

序号	编码	项目名称及特征	单位	工程量
1	010502001003	矩形柱 1.地下室 2.混凝土种类:泵送混凝土 3.混凝土强度等级:C30	m³	23.7061
	A5-107	商品混凝土构件 地下室 墙柱	100m³	0.2371
2	010504001004	直形墙 1.地下室 2.混凝土种类:泵送混凝土 3.混凝土强度等级:C30	m³	12.513
	A5-107	商品混凝土构件 地下室 墙柱	100m³	0.1251
3	010504001005	直形墙 1.地下室 2.混凝土种类:泵送混凝土 3.混凝土强度等级:C30 4.抗渗等级:P8	m³	42.499
	A5-107	商品混凝土构件 地下室 墙柱	100m³	0.425

五、总结拓展

①在新建异形柱时,绘制异形图有一个原则:不管是直线还是弧线,需要一次围成封闭区域,围成封闭区域以后不能在这个网格上再绘制任何图形。

②本层 GDZ5 在异形柱里是不能精确定义的,很多人在绘制这个图时会产生错觉,认为绘制直线再绘制弧线就行了,其实不是,图纸给的尺寸是矩形部分边线到圆形部分切线的距离为300mm,并非到弧线的交点处为300mm。如果要精确绘制,必须先手算出这个距离,然后定义网格才能绘制。

③前面已经讲述这些柱是归到墙里面计算的,我们要的是准确的量,所以可以变通一下,定义一个圆形柱即可。

2.6.2　地下一层剪力墙的工程量计算

通过本小节的学习,你将能够:
(1)分析本层归类到剪力墙的构件;
(2)熟练运用构件的层间复制与做法刷功能;
(3)绘制剪力墙图元;
(4)统计地下一层剪力墙的工程量。

一、任务说明

①完成地下一层剪力墙的构件定义、做法套用及图元绘制。
②汇总计算,统计地下一层剪力墙的工程量。

二、任务分析

①地下一层剪力墙的构件与首层有什么不同?
②地下一层中有哪些剪力墙构件不需要绘制?

三、任务实施

1)分析图纸

(1)分析剪力墙

分析图纸结施-4,可以得到如表2.51所示剪力墙的信息。

表2.51　地下一层剪力墙表

序号	类型	名称	混凝土标号	墙厚(mm)	标高	备注
1	外墙	WQ1	C30	250	-4.4 ~ -0.1	
2	内墙	Q1	C30	250	-4.4 ~ -0.1	
3	内墙	Q2	C30	200	-4.4 ~ -0.1	

（2）分析连梁

连梁是剪力墙的一部分。

结施-4中，④轴和⑦轴的剪力墙上有LL1、LL2、LL3，连梁下方有门和墙洞，在绘制墙时可以直接通长绘制墙，不用绘制LL1、LL2、LL3，到绘制门窗时将门和墙洞绘制上即可。

（3）分析暗梁、暗柱

暗梁、暗柱是剪力墙的一部分，结施-4中的暗梁布置图就不再进行绘制，类似GAZ1这种和墙厚一样的暗柱，此位置的剪力墙通长绘制，GAZ1不再进行绘制。类似外墙上GDZ1这种暗柱，我们把其定义为异形柱并进行绘制，在做法套用时按照剪力墙的做法套用清单、定额。

2）剪力墙的属性定义

①本层剪力墙的属性定义与首层相同，参照首层剪力墙的属性定义。

②本层剪力墙也可不重新定义，而是将首层剪力墙构件复制过来，具体操作步骤如下：

a. 切换到绘图界面，单击"构件"→"从其他楼层复制构件"，如图2.162所示。

图2.162

b. 弹出如图2.163所示"从其他楼层复制图元"对话框，选择源楼层和本层需要复制的构件，勾选"同时复制构件做法"，单击"确定"按钮即可。但⑨轴与⑪轴间的200mm厚混凝土墙没有复制过来，需要重新建立属性，这样本层的剪力墙就全部建好了。

图 2.163

四、任务结果

①参照上述方法重新定义并绘制本层剪力墙。

②汇总计算,统计地下一层剪力墙的工程量,如表 2.52 所示。

表 2.52 地下一层剪力墙清单定额量

序号	编码	项目名称及特征	单位	工程量
1	010504001002	直形墙 1.地下室 2.混凝土种类:泵送混凝土 3.混凝土强度等级:C30 4.抗渗等级:P8	m³	147.9811
	A5-107	商品混凝土构件 地下室 墙柱	100m³	1.4798
2	010504001005	直形墙 1.地下室 2.混凝土种类:泵送混凝土 3.混凝土强度等级:C30	m³	32.8305
	A5-107	商品混凝土构件 地下室 墙柱	100m³	0.3283

五、总结拓展

本层剪力墙的外墙大部分都偏往轴线外175mm,如果每段墙都用偏移方法绘制比较麻烦。我们知道在第2.6.1节里面柱的位置是固定好的,因此在这里先在轴线上绘制外剪力墙,绘制完后利用"对齐"功能将墙的外边线与柱的外边线对齐即可。

2.6.3　地下一层梁、板、填充墙的工程量计算

通过本小节的学习,你将能够:
统计本层梁、板、填充墙的工程量。

一、任务说明

①完成地下一层梁、板、填充墙的构件定义、做法套用及图元绘制。
②汇总计算,统计地下一层梁、板、填充墙的工程量。

二、任务分析

地下一层梁、板、填充墙的构件与首层有什么不同?

三、任务实施

图纸分析如下:
①分析图纸结施-7,从左至右、从上至下,本层有框架梁、非框架梁、悬梁3种。
②分析框架梁 KL1~KL6、非框架梁 L1~L11、悬梁 XL1,主要信息如表2.53所示。

表2.53　地下一层梁表

序号	类型	名称	混凝土标号	截面尺寸(mm)	顶标高	备注
1	框架梁	KL1	C30	250×500　250×650	层顶标高	与首层相同
		KL2	C30	250×500　250×650	层顶标高	与首层相同
		KL3	C30	250×500	层顶标高	属性相同位置不同
		KL4	C30	250×500	层顶标高	属性相同位置不同
		KL5	C30	250×500	层顶标高	属性相同位置不同
		KL6	C30	250×650	层顶标高	

续表

序号	类型	名称	混凝土标号	截面尺寸(mm)	顶标高	备注
2	非框架梁	L1	C30	250×500	层顶标高	属性相同位置不同
		L2	C30	250×500	层顶标高	属性相同位置不同
		L3	C30	250×500	层顶标高	属性相同位置不同
		L4	C30	200×400	层顶标高	
		L5	C30	250×600	层顶标高	与首层相同
		L6	C30	250×400	层顶标高	与首层相同
		L7	C30	250×600	层顶标高	与首层相同
		L8	C30	200×400	层顶标高-0.05	与首层相同
		L9	C30	250×600	层顶标高	与首层相同
		L10	C30	250×400	层顶标高-0.05	与首层相同
		L11	C30	250×400　200×400	层顶标高	
3	悬梁	XL1	C30	250×500	层顶标高	与首层相同

③分析结施-11,可以从板平面图中得到板的截面信息,如表 2.54 所示。

表 2.54　地下一层板表

序号	类型	名称	混凝土标号	板厚 h(mm)	板顶标高	备注
1	楼板	LB1	C30	180	层顶标高	
2	其他板	FB1	C30	300	层顶标高	
		YXB1	C30	180	层顶标高	

④分析建施-0、建施-2、建施-9,可以得到填充墙的信息,如表 2.55 所示。

表 2.55　地下一层填充墙表

序号	类型	砌筑砂浆	材质	墙厚(mm)	标高	备注
1	框架间墙	M5 混合砂浆	陶粒空心砖	200	-4.4 ～ -0.1	梁下墙
2	砌块内墙	M5 混合砂浆	陶粒空心砖	200	-4.4 ～ -0.1	

四、任务结果

汇总计算,统计地下一层梁、板、填充墙的工程量,如表 2.56 所示。

表 2.56 地下一层梁、板、填充墙的清单定额量

序号	编码	项目名称及特征	单位	工程量
1	010402001002	砌块墙 1.砌块品种、规格、强度等级:200mm 厚加气混凝土砌块 2.墙体类型:砌体墙 3.砂浆强度等级:M5 混合砂浆	m^3	63.1743
	A4-45	加气混凝土砌块	$10m^3$	6.3174
2	010402001003	砌块墙 1.砌块品种、规格、强度等级:100mm 厚加气混凝土砌块 2.墙体类型:砌体墙 3.砂浆强度等级:M5 混合砂浆	m^3	2.2926
	A4-45	加气混凝土砌块	$10m^3$	0.2293
3	010505001001	有梁板 1.混凝土种类:泵送混凝土 2.混凝土强度等级:C30	m^3	196.9373
	A5-108	商品混凝土构件 地面以上输送高度 30m 以内 梁板	$100m^3$	1.9687

2.6.4 地下一层门洞口、圈梁、构造柱的工程量计算

通过本小节的学习,你将能够:
统计地下一层门洞口、圈梁、构造柱的工程量。

一、任务说明

①完成地下一层门洞口、圈梁、构造柱的构件定义、做法套用及图元绘制。
②汇总计算,统计地下一层门洞口、圈梁、构造柱的工程量。

二、任务分析

地下一层门洞口、圈梁、构造柱的构件与首层有什么不同?

三、任务实施

1)分析图纸

分析图纸建施-2、结施-4,可以得到地下一层门洞口信息,如表 2.57 所示。

表 2.57 地下一层门洞口表

序号	名称	数量(个)	宽(mm)	高(mm)	离地高度(mm)	备注
1	M1	2	1000	2100	800	
2	M2	2	1500	2100	800	
3	JFM1	1	1000	2100	800	
4	JFM2	1	1800	2100	800	
5	YFM1	1	1200	2100	800	
6	JXM1	1	1200	2000	800	
7	JXM2	1	1200	2000	800	
8	电梯门洞	2	1200	2100	800	
9	走廊洞口	2	1800	2000	800	
10	⑦轴墙洞	1	2000	2000	800	
11	消火栓箱	1	750	1650	950	

2)门洞口属性定义与做法套用

门洞口的属性定义与做法套用同首层。下面是与首层不同的地方,请注意:

①本层 M1、M2、YFM1、JXM1、JXM2 与首层属性相同,只是离地高度不一样,可以将构件复制过来,根据图纸内容修改离地高度即可。复制构件的方法同前述填充墙构件的复制方法,这里不再讲述。

②本层 JFM1、JFM2 是甲级防火门,与首层 YFM1 乙级防火门的属性定义相同,套用做法也一样。

四、任务结果

汇总计算,统计本层门洞口、过梁、圈梁、构造柱的工程量,如表 2.58 所示。

表 2.58 地下一层门洞口、过梁、圈梁、构造柱的清单定额量

序号	编码	项目名称及特征	单位	工程量
1	010502002001	构造柱 1.混凝土种类:泵送混凝土 2.混凝土强度等级:C25	m³	3.3757
	A5-81	现拌混凝土 构造柱	10m³	0.3376

序号	编码	项目名称及特征	单位	工程量
2	010503004001	圈梁 1.混凝土种类:泵送混凝土 2.混凝土强度等级:C25	m³	0.781
	A5-84	现拌混凝土 圈梁、过梁、弧形拱形梁	10m³	0.0781
3	010510003001	过梁 1.预制过梁 2.混凝土强度等级:C25	m³	0.3461
	A5-115	预制混凝土 异形梁、过梁、拱形梁	10m³	0.0351
	A5-162	梁安装 单体 0.4m³ 以内	10m³	0.0348
	A5-225	预制混凝土构件接头灌缝 梁	10m³	0.0346
4	010801001001	木质门 1.门代号及洞口尺寸:M1 1000mm×2100mm 2.木材面油漆做法:11ZJ001 涂 101 3.底油一遍 4.调和漆两遍	樘	2
	B4-11	胶合板门 不带纱 不带亮子	100m²	0.042
	B4-161	普通木门五金配件表 镶板门、胶合板门 不带纱扇 不带亮子	100m²	0.042
5	010801001002	木质门 1.门代号及洞口尺寸:M1 1500mm×2100mm 2.木材面油漆做法:11ZJ001 涂 101 3.底油一遍 4.调和漆两遍	樘	2
	B4-11	胶合板门 不带纱 不带亮子	100m²	0.063
	B4-161	普通木门五金配件表 镶板门、胶合板门 不带纱扇 不带亮子	100m²	0.063
6	010801004001	木质防火门 1.门代号及洞口尺寸:JXM1 550mm×2000mm 2.材质:木质丙级防火检修门	樘	1
	A7-28	防火门 框架式 单面石棉板 门扇制安	100m²	0.011
7	010801004002	木质防火门 1.门代号及洞口尺寸:JXM1 1200mm×2000mm 2.材质:木质丙级防火检修门	樘	2
	A7-28	防火门 框架式 单面石棉板 门扇制安	100m²	0.048

续表

序号	编码	项目名称及特征	单位	工程量
8	010802003001	钢质防火门 1.门代号及洞口尺寸:YFM1 1200mm×2100mm 2.门框、扇材质:钢质乙级防火门	樘	1
	B4-93	防火门、防火卷帘门安装 防火门 钢质	100m²	0.0252
9	010802003002	钢质防火门 1.门代号及洞口尺寸:JFM1 1000mm×2000mm 2.门框、扇材质:钢质甲级防火门	樘	1
	B4-93	防火门、防火卷帘门安装 防火门 钢质	100m²	0.021
10	010802003003	钢质防火门 1.门代号及洞口尺寸:JFM1 1800mm×2100mm 2.门框、扇材质:钢质甲级防火门	樘	1
	B4-93	防火门、防火卷帘门安装 防火门 钢质	100m²	0.0378

2.6.5 地下室后浇带、坡道与地沟工程量计算

通过本小节的学习,你将能够:
(1)定义后浇带、坡道、地沟;
(2)依据定额、清单分析坡道与地沟需要计算的工程量。

一、任务说明

①完成地下一层后浇带、坡道、地沟的构件定义、做法套用及图元绘制。
②汇总计算,统计地下一层后浇带、坡道、地沟的工程量。

二、任务分析

①地下一层坡道、地沟的构件所在位置及构件尺寸。
②坡道、地沟的属性定义与做法套用有什么特殊性?

三、任务实施

1)分析图纸

①分析结施-7,可以从板平面图中得到后浇带的截面信息。本层只有一条后浇带,后浇带宽度为800mm,分布在⑤轴与⑥轴间,距离⑤轴的距离为1000mm,可从首层复制。
②在坡道的底部和顶部均有一个截面为600mm×700mm的截水沟。
③坡道的坡度为$i=5$,板厚为200mm,垫层厚度为100mm。

2)构件属性定义

（1）坡道的属性定义

①定义一块筏板基础,标高暂定为层底标高(-4.4m),如图2.164所示。

②定义一个面式垫层,如图2.165所示。

属性名称	属性值
名称	坡道
砼标号	(C20)
砼类型	(泵送砼(坍落度
厚度(mm)	200
顶标高(m)	层底标高+0.2(-
底标高(m)	层底标高(-4.4)
砖胎膜厚度	0
类别	
模板类型	组合钢模板
支撑类型	钢支撑
备注	

图2.164

属性名称	属性值	附加
名称	DC-1	
材质	现浇混凝	☐
砼标号	(C15)	☐
砼类型	(泵送砼(	☐
形状	面型	☐
厚度(mm)	100	☐
顶标高(m)	基础底标	☐
备注		☐

图2.165

（2）截水沟的属性定义

软件建立地沟时,默认地沟由4个部分组成,要建立一个完整的地沟,需要建立4个地沟单元,分别为地沟底板、顶板与两个侧板。

①单击定义矩形地沟单元,此时定义的是截水沟的底板,属性根据结施-3定义,如图2.166所示。

②单击定义矩形地沟单元,此时定义的是截水沟的顶板,属性根据结施-3定义,如图2.167所示。

属性名称	属性值	附加
名称	DG-1-1	
类别	底板	☑
材质	现浇混凝	☐
砼标号	(C20)	☐
砼类型	(泵送砼(	☐
截面宽度(	600	☐
截面高度(	100	☐
截面面积(m	0.06	☐
相对底标高	0	☐
相对偏心距	0	☐
备注		☐

图2.166

属性名称	属性值	附加
名称	DG-1-2	
类别	盖板	☑
材质	现浇混凝	☐
砼标号	(C20)	☐
砼类型	(泵送砼(	☐
截面宽度(	500	☐
截面高度(	50	☐
截面面积(m	0.025	☐
相对底标高	0.65	☐
相对偏心距	0	☐
备注		☐

图2.167

③单击定义矩形地沟单元,此时定义的是截水沟的左侧板,属性根据结施-3 定义,如图 2.168所示。

④单击定义矩形地沟单元,此时定义的是截水沟的右侧板,属性根据结施-3 定义,如图 2.169所示。

属性编辑框	中 ×

属性名称	属性值	附加
名称	DG-1-3	
类别	侧壁	☑
材质	现浇混凝	☐
砼标号	(C20)	☐
砼类型	(泵送砼(	☐
截面宽度(	100	☐
截面高度(	700	☐
截面面积 (m	0.07	
相对底标高	0	☐
相对偏心距	250	☐
备注		☐

图 2.168

属性编辑框	中 ×

属性名称	属性值	附加
名称	DG-1-4	
类别	侧壁	☑
材质	现浇混凝	☐
砼标号	(C20)	☐
砼类型	(泵送砼(	☐
截面宽度(	100	☐
截面高度(	700	☐
截面面积 (m	0.07	
相对底标高	0	☐
相对偏心距	-250	☐
备注		☐

图 2.169

3)做法套用

①坡道的做法套用,如图 2.170 所示。

	编码	类别	项目名称	项目特征	单位	工程量表达式	表达式说明
1	─ 010507001	项	散水、坡道	1.垫层材料种类、厚度:c15砼 2.面层厚度:200 3.混凝土强度等级:c25 P8抗渗砼 4.3mm厚SBS改性沥青防水	m2	DBMJ	DBMJ<底部面积>
2	── A5-79	定	现拌砼 满堂基础		m3	TJ	TJ<体积>
3	── A8-29	定	石油沥青改性卷材 热熔铺贴(单层)		m2	DBMJ*2	DBMJ<底部面积>*2

图 2.170

②地沟的做法套用,如图 2.171 所示。

	编码	类别	项目名称	项目特征	单位	工程量表达式	表达式说明
1	─ 010507003	项	电缆沟、地沟	1.混凝土强度等级:c30 P8抗渗砼	m		
2	── A5-93	定	现拌砼 地沟电缆沟		m3	TJ	TJ<体积>
3	─ 011702026	项	电缆沟、地沟	木模板木支撑	m2	MBMJ	MBMJ<模板面积>
4	── A13-50	定	现浇砼模板 暖气沟电缆沟 木模板木支撑		m2	MBMJ	MBMJ<模板面积>

图 2.171

4)画法讲解

①后浇带画法参照前面后浇带画法。

②地沟使用直线绘制即可。

③坡道:

a.按图纸尺寸绘制上述定义的筏板和垫层;

b."三点定义斜筏板"绘制⑨—⑪轴坡道处的筏板。

四、任务结果

汇总计算,统计地下室后浇带、坡道与地沟的工程量,如表 2.59 所示。

表 2.59　地下室后浇带、坡道与地沟清单定额量

序号	编码	项目名称及特征	单位	工程量
1	010501001	垫层 1.垫层材料种类、配合比、厚度:C15,100mm 厚	m^3	5.9142
	A2-14	垫层 混凝土	$10m^3$	0.5914
2	010507001002	散水、坡道 1.垫层材料种类、厚度:C15 混凝土 2.面层厚度:200mm 3.混凝土强度等级:C25 P8 抗渗混凝土 4.3mm 厚 SBS 改性沥青防水	m^2	58.6204
	A10-56	现拌混凝土 满堂基础	$10m^3$	1.1177
	A8-29	石油沥青改性卷材 热熔铺贴(单层)	$100m^2$	1.1724
3	010507003001	电缆沟、地沟 1.沟截面净空尺寸:400mm×600mm 2.混凝土强度等级:C30 P8 抗渗混凝土	m	6.95
	A5-93	现拌混凝土 地沟电缆沟	$10m^3$	0.148
4	010507003002	电缆沟、地沟 1.混凝土强度等级:C30 P8 抗渗混凝土	m	0
	A5-93	现拌混凝土 地沟电缆沟	$10m^3$	0.0973
5	070205001001	铸铁盖板 1.盖板规格型号:铸铁盖板,宽 500mm、厚 50mm	m	7.4
	A6-88	其他钢构件制作、安装 地沟 铸铁箅子	$100m^2$	0.037
6	010508001001	后浇带 1.混凝土种类:泵送混凝土 2.混凝土强度等级:C35	m^3	3.6724
	A5-108	商品混凝土构件 地面以上输送高度30m 以内 梁板	$100m^3$	0.0367
	A5-102	后浇带增加费 其他部位	m	23.6

2.7　基础层工程量计算

通过本节的学习,你将能够:

(1)分析基础层需要计算的内容;

（2）定义筏板、集水坑、基础梁、土方等构件；

（3）统计基础层的工程量。

2.7.1　筏板、垫层、集水坑工程量计算

通过本小节的学习，你将能够：

（1）依据定额和清单分析筏板、垫层的计算规则，确定计算内容；

（2）定义基础筏板、垫层、集水坑；

（3）绘制基础筏板、垫层、集水坑；

（4）统计基础筏板、垫层、集水坑的工程量。

一、任务说明

①完成基础层筏板、垫层的构件定义、做法套用及图元绘制。

②汇总计算，统计基础层筏板、垫层、集水坑的工程量。

二、任务分析

①基础层都有哪些需要计算的构件工程量？ 如筏板、垫层、集水坑、防水工程等。

②筏板、垫层、集水坑、防水如何定义和绘制？

③防水如何套用做法？

三、任务实施

1）分析图纸

①分析结施-3 可知，本工程筏板厚度为 500mm，混凝土强度等级为 C30；由建施-0 中第四条防水设计可知，地下防水为防水卷材和混凝土自防水两道设防，筏板的混凝土为预拌抗渗混凝土 C30；由结施-1 第八条可知，抗渗等级为 P8；由结施-3 可知，筏板底标高为基础层底标高（-4.9m）。

②本工程基础垫层厚度为 100mm，混凝土强度等级为 C15，顶标高为基础底标高，出边距离 100mm。

③本层有 JK1 两个、JK2 一个。

a. JK1 截面为 2250mm×2200mm，坑板顶标高为 -5.5m，底板厚度为 800mm，底板出边宽度为 600mm，混凝土强度等级为 C30，放坡角度为 45°。

b. JK1 截面为 1000mm×1000mm，坑板顶标高为 -5.4m，底板厚度为 500mm，底板出边宽度为 600mm，混凝土强度等级为 C30，放坡角度为 45°。

④集水坑垫层厚度为 100mm。

2)清单、定额计算规则学习

(1)清单计算规则(见表 2.60)

表 2.60　清单计算规则

编号	项目名称	单位	计算规则
010501004	满堂基础	m^3	按设计图示尺寸以体积计算。不扣除伸入承台基础的桩头所占体积
011702001	基础模板	m^2	按模板与现浇混凝土构件的接触面积计算
010904001	基础底板卷材防水	m^2	按设计图示尺寸以面积计算。 1.楼(地)面防水:按主墙间净空面积计算,扣除凸出地面的构筑物、设备基础等所占面积,不扣除间壁墙及单个面积≤0.3m^2 的柱、垛、烟囱和孔洞所占面积; 2.楼(地)面防水反边高度≤300mm 算作地面防水,反边高度>300mm 按墙面防水计算
010404001	垫层	m^3	按设计图示尺寸以体积计算

(2)定额计算规则(见表 2.61)

表 2.61　定额计算规则

编号	项目名称	单位	计算规则
A5-105	商品混凝土构件 基础	m^3	1.按图示尺寸实体体积以立方米计算; 2.有肋带形基础,其肋高与肋宽之比在 4∶1 以内的按带形基础计算;超过 4∶1 时,其基础底板按板式基础计算,以上部分按墙计算
A8-29	石油沥青改性卷材 热熔铺贴(单层)	m^2	按设计图示尺寸以面积计算
A13-8	现浇混凝土模板 有梁式满堂基础 竹胶合板模板钢支撑	m^2	按模板与现浇混凝土构件的接触面积计算

3)属性定义

①筏板的属性定义,如图 2.172 所示。
②垫层的属性定义,如图 2.173 所示。
③集水坑的属性定义,如图 2.174 所示。

图 2.172　　　　　　　　　　　　　图 2.173

图 2.174

4) 做法套用

① 筏板基础的做法套用, 如图 2.175 所示。

	编码	类别	项目名称	项目特征	单位	工程量表达式	表达式说明
1	− 010501004	项	满堂基础	1. 混凝土强度等级:C30,p8抗渗	m3	TJ	TJ〈体积〉
2	A5-105	定	商品砼构件 地下室 基础		m3	TJ	TJ〈体积〉
3	− 010904001	项	楼(地)面卷材防水	1. 卷材品种、规格、厚度:4厚SBS改性沥青防水卷材	m2	DBMJ	DBMJ〈底部面积〉
4	A8-29	定	石油沥青改性卷材 热熔铺贴(单层)		m2	DBMJ	DBMJ〈底部面积〉
5	− 011702001	项	基础	1. 基础类型:筏板基础 2. 竹胶合板模板 钢支撑	m2	MBMJ	MBMJ〈模板面积〉
6	A13-8	定	现浇砼模板 有梁式 满堂基础 竹胶合板模板 钢支撑		m2	MBMJ	MBMJ〈模板面积〉

图 2.175

②垫层的做法套用,如图 2.176 所示。

	编码	类别	项目名称	项目特征	单位	工程量表达式	表达式说明
1	⊟ 010501007	项	垫层	1. 垫层材料种类、配合比、厚度:C15混凝土,100厚	m3	TJ	TJ〈体积〉
2	┕ A2-14	定	垫层 混凝土		m3	TJ	TJ〈体积〉

图 2.176

③集水坑的做法套用,如图 2.177 所示。

	编码	类别	项目名称	项目特征	单位	工程量表达式	表达式说明
1	⊟ 010501004	项	满堂基础	1. 集水坑 2. 混凝土强度等级:C30	m3	TJ	TJ〈体积〉
2	┕ A5-105	定	商品砼构件 地下室 基础		m3	TJ	TJ〈体积〉
3	⊟ 011702001	项	基础模板	1. 基础类型:集水坑 2. 竹胶合板模板 钢支撑	m2	KLMMBMJ+KDMMBMJ	KLMMBMJ〈坑立面模板面积〉+KDMMBMJ〈坑底面模板面积〉
4	┕ A13-8	定	现浇砼模板 有梁式 满堂基础 竹胶合板模板 钢支撑		m2	KLMMBMJ+KDMMBMJ	KLMMBMJ〈坑立面模板面积〉+KDMMBMJ〈坑底面模板面积〉

图 2.177

5)画法讲解

①筏板属于面式构件,与楼层现浇板一样,可以使用直线绘制,也可以使用矩形绘制。在这里使用直线绘制,绘制方法同首层现浇板。

②垫层属于面式构件,可以使用直线绘制,也可以使用矩形绘制,在这里使用智能布置。单击"智能布置"→"筏板",在弹出的对话框中输入出边距离"100",单击"确定"按钮,垫层就布置好了。

③集水坑采用点画绘制即可。

四、任务结果

汇总计算,统计基础层筏板、垫层、集水坑的工程量,如表 2.62 所示。

表 2.62 筏板、垫层、集水坑的清单定额量

序号	编码	项目名称及特征	单位	工程量
1	010904001001	楼(地)面卷材防水 1. 卷材品种、规格、厚度:4mm 厚 SBS 改性沥青防水卷材	m²	965.3038
	A8-29	石油沥青改性卷材 热熔铺贴(单层)	100m²	9.653
2	010404001002	垫层 1. 垫层材料种类、配合比、厚度:C15 混凝土,100mm厚	m³	106.2684
	A2-14	垫层 混凝土	10m³	10.6268
3	010501004001	满堂基础 1. 混凝土强度等级:C30,P8 抗渗	m³	515.83
	A5-105	商品混凝土构件 地下室 基础	100m³	5.0957

续表

序号	编码	项目名称及特征	单位	工程量
4	010501004002	满堂基础 1. 集水坑 2. 混凝土强度等级:C30	m³	51.1786
	A5-105	商品混凝土构件 地下室 基础	100m³	0.5118

五、总结拓展

（1）建模定义集水坑

①软件提供了直接在绘图区绘制不规则形状的集水坑的操作模式。如图 2.178 所示，选择"新建自定义集水坑"后，用直线画法在绘图区绘制 T 形图元。

图 2.178

②绘制成封闭图形后，软件就会自动生成一个自定义的集水坑了，如图 2.179 所示。

图 2.179

（2）多个集水坑自动扣减

①多个集水坑之间的扣减用手工计算是很繁琐的，如果集水坑有边坡就更难计算了。多个集水坑如果发生相交，软件是完全可以精确计算的。如图2.180、图2.181所示的两个相交的集水坑，其空间形状是非常复杂的。

图2.180

图2.181

②集水坑之间的扣减，可以通过查看三维扣减图很清楚地看到，如图2.182所示。

图2.182

（3）设置集水坑放坡

实际工程中，集水坑各边边坡可能不一致，可以通过设置集水坑边坡来进行调整。单击"调整放坡和出边距离"，点选集水坑构件和要修改边坡的坑边，单击右键确定后就会出现"调整集水坑放坡"的对话框。其中绿色的字体都是可以修改的。修改后单击"确定"按钮，就可以看到修改后的边坡形状了，如图2.183所示。

图2.183

思考与练习

（1）筏板已经布置上垫层了，集水坑布置上后，为什么还要布置集水坑垫层？

（2）多个集水坑相交，软件在计算时扣减的原则是什么？谁扣谁？

2.7.2 基础梁、基础后浇带的工程量计算

通过本小节的学习，你将能够：

（1）依据清单和定额分析基础梁、基础后浇带的计算规则；

（2）定义基础梁、基础后浇带；

（3）统计基础梁、基础后浇带的工程量。

一、任务说明

①完成基础梁、基础后浇带的构件定义、做法套用及图元绘制。

②汇总计算，统计基础梁、基础后浇带的工程量。

二、任务分析

基础梁、基础后浇带如何套用做法？

三、任务实施

1）分析图纸

由结施-2 中第 11 条后浇带中可知,在底板和地梁后浇带的位置设有 − 3 × 300 止水钢板两道。后浇带的绘制不再重复讲解,可从地下一层复制图元及构件。

分析结施-3,可以得知有基础主梁和基础次梁两种。基础主梁 JZL1 ~ JZL4、基础次梁为 JCL1,主要信息如表 2.63 所示。

表 2.63　基础梁表

序号	类型	名称	混凝土标号	截面尺寸(mm)	梁底标高	备注
1	基础主梁	JZL1	C30	500 × 1200	基础底标高	
		JZL2	C30	500 × 1200	基础底标高	
		JZL3	C30	500 × 1200	基础底标高	
		JZL4	C30	500 × 1200	基础底标高	
2	基础次梁	JCL1	C30	500 × 1200	基础底标高	

2）清单、定额计算规则学习

（1）清单计算规则（见表 2.64）

表 2.64　基础梁、后浇带清单计算规则

编号	项目名称	单位	计算规则
010503001	基础梁	m^3	按设计图示尺寸以体积计算。伸入墙内的梁头、梁垫并入梁体积内。梁长： 1. 梁与柱连接时,梁长算至柱侧面； 2. 主梁与次梁连接时,次梁长算至主梁侧面
011702005	基础梁模板	m^2	按模板与现浇混凝土构件的接触面积计算
010508001	后浇带	m^3	按设计图示尺寸以体积计算
011702030	后浇带模板	m^2	按模板与现浇混凝土构件的接触面积计算

（2）定额计算规则（见表 2.65）

表2.65　基础梁、后浇带定额计算规则

编号	项目名称	单位	计算规则
A5-82	现拌混凝土 单梁、连续梁、基础梁	m³	按图示断面尺寸乘以梁长以立方米计算。梁长按下列规定确定： 1. 梁与混凝土柱连接时，梁长算至柱侧面；梁与混凝土墙连接时，梁长算至墙侧面。 2. 主梁与次梁连接时，次梁长算至主梁侧面
A13-23	现浇混凝土模板 基础梁 竹胶合板模板 钢支撑	m²	按模板与现浇混凝土构件的接触面积计算
A5-105	商品混凝土构件 基础后浇带	m³	1. 按图示尺寸实体体积以立方米计算； 2. 混凝土构件的后浇带套用混凝土的相应子目； 3. 后浇带增加费按延长米计算工程量
A5-101	后浇带增加费 基础底板	m	

3）属性定义

基础梁的属性定义与框架梁的属性定义类似。在模块导航栏中单击"基础"→"基础梁"，在构件列表中单击"新建"→"新建矩形基础梁"，在属性编辑框中输入基础梁基本信息即可，如图2.184所示。

图2.184

4）做法套用

①基础梁的做法套用，如图2.185所示。
②后浇带的做法套用，如图2.186所示。

	编码	类别	项目名称	项目特征	单位	工程量表达式	表达式说明
1	⊟ 010503001	项	基础梁	1. 混凝土强度等级：C30	m3	TJ	TJ〈体积〉
2	A5-82	定	现拌砼 单梁、连续梁、基础梁		m3	TJ	TJ〈体积〉
3	⊟ 011702005	项	基础梁模板	1. 竹胶合板模板 钢支撑	m2	MBMJ	MBMJ〈模板面积〉
4	A13-23	定	现浇砼模板 基础梁 竹胶合板模板 钢支撑		m2	MBMJ	MBMJ〈模板面积〉

图 2.185

	编码	类别	项目名称	项目特征	单位	工程量表达式	表达式说明
1	⊟ 010508001	项	后浇带	1. 混凝土强度等级：C35,抗渗等级p8	m3	FBJCHJDTJ+JCLHJDTJ	FBJCHJDTJ〈筏板基础后浇带体积〉+JCLHJDTJ〈基础梁后浇带体积〉
2	A5-105	定	商品砼构件 基础		m3	FBJCHJDTJ+JCLHJDTJ	FBJCHJDTJ〈筏板基础后浇带体积〉+JCLHJDTJ〈基础梁后浇带体积〉
3	A5-101	定	后浇带增加费 基础底板		m	HJDZXXCD	HJDZXXCD〈后浇带中心线长度〉
4	⊟ 011702030	项	后浇带模板	有梁板 竹胶合板模板 钢支撑	m2	FBJCHJDMBMJ+JCLHJDMBMJ	FBJCHJDMBMJ〈筏板基础后浇带模板面积〉+JCLHJDMBMJ〈基础梁后浇带模板面积〉
5	A13-36	定	现浇砼模板 有梁板 竹胶合板模板 钢支撑		m2	FBJCHJDMBMJ+JCLHJDMBMJ	FBJCHJDMBMJ〈筏板基础后浇带模板面积〉+JCLHJDMBMJ〈基础梁后浇带模板面积〉
6	A13-36	定	现浇砼模板 有梁板 竹胶合板模板 钢支撑		m2	HJDZXXCD*2.5	HJDZXXCD〈后浇带中心线长度〉*2.5

图 2.186

四、任务结果

汇总计算,统计基础梁、后浇带的工程量,如表 2.66 所示。

表 2.66　基础梁、后浇带的清单定额量

序号	编码	项目名称及特征	单位	工程量
1	010503001001	基础梁 1. 混凝土强度等级：C30	m³	93.275
	A5-82	现拌混凝土 单梁、连续梁、基础梁	10m³	9.3275
2	010508001003	后浇带 1. 混凝土强度等级：C35,抗渗等级 P8	m³	12.85
	A5-105	商品混凝土构件　基础	100m³	0.1285
	A5-101	后浇带增加费 基础底板	m	23.8

2.7.3　土方工程量计算

通过本小节的学习,你将能够:

(1)依据定额分析挖土方的计算规则;

(2)定义大开挖土方;

(3)统计挖土方的工程量。

一、任务说明

①完成土方工程的构件定义、做法套用及图元绘制。

②汇总计算土方工程的工程量。

二、任务分析

①哪些地方需要挖土方?

②基础回填土方应如何计算?

三、任务实施

1)分析图纸

分析结施-3可知,本工程土方属于大开挖土方,依据定额知道挖土方需要增加工作面300mm,根据挖土深度需要放坡,放坡土方增量按照清单规定计算。

2)清单、定额计算规则学习

(1)清单计算规则(见表2.67)

表 2.67　土方清单计算规则

编号	项目名称	单位	计算规则
010101002	挖一般土方	m³	按设计图示尺寸以体积计算
010103001	回填方	m³	按设计图示尺寸以体积计算。 1. 场地回填:回填面积乘平均回填厚度; 2. 室内回填:主墙间面积乘回填厚度,不扣除间隔墙; 3. 基础回填:按挖方清单项目工程量减去自然地坪以下埋设的基础体积(包括基础垫层及其他构筑物)

(2)定额计算规则(见表2.68)

表 2.68　土方定额计算规则

编号	项目名称	单位	计算规则
A1-34	挖掘机挖土、自卸汽车运土 运距1km以内 普通土	m³	1. 机械土(石)方工程量的90%执行机械挖土(石)子目,余下10%执行人工挖土(石)子目。执行人工挖土方子目时,人工乘1.35系数;执行人工挖石方子目时,不另乘系数。
A1-1	人工挖土方 深度2m以内 普通土	m³	2. 土方体积均以挖掘前的天然密实体积计算。挖土深度超过放坡起点时,另计算放坡土方增量
A1-11	回填土 夯填	m³	沟槽、基坑回填:沟槽、基坑回填体积以挖方体积减去设计室外地坪以下埋设构件(包括基础垫层、基础等)体积计算

3)绘制土方

在垫层绘图界面,单击"智能布置"→"筏板基础",然后选中土方,单击右键选择"偏移",整体向外偏移100mm。

4)土方做法套用

选择"土方",切换到属性定义界面,选择"大开挖土方",做法套用如图2.187所示。

	编码	类别	项目名称	项目特征	单位	工程量表达式	表达式说明
1	— 010101002	项	挖一般土方	1.土壤类别:普通土 2.挖土深度:500mm	m3	TFTJ	TFTJ〈土方体积〉
2	A1-34	定	挖掘机挖土、自卸汽车运土 运距1km以内 普通土		m3	TFTJ*0.9	TFTJ〈土方体积〉*0.9
3	A1-1 R×1.35	定	人工挖土方 深度2m以内 普通土		m3	TFTJ*0.1	TFTJ〈土方体积〉*0.1
4	— 010103001	项	回填方	1.填方材料品种:素土	m3	STHTTJ	STHTTJ〈素土回填体积〉
5	A1-11	定	回填土 夯填		m3	STHTTJ	STHTTJ〈素土回填体积〉

图2.187

四、任务结果

汇总计算,统计本层土方的工程量,如表2.69所示。

表2.69 土方的清单定额量

序号	编码	项目名称及特征	单位	工程量
1	010103001001	回填方 1.填方材料品种:素土	m³	238.7297
	A1-11	回填土 夯填	100m³	11.8327
2	010101002001	挖一般土方 1.土壤类别:坚土 2.挖土深度:4450mm	m³	4682.2668
	A1-33	液压挖掘机挖土 坚土	1000m³	5.0587
	A1-2	人工挖土方 深度2m以内 坚土	100m³	5.6208
3	010101004001	挖基坑土方 1.土壤类别:坚土 2.挖土深度:1400mm	m³	31.0433
	A1-35	挖掘机挖土、自卸汽车运土 运距1km以内 坚土	1000m³	0.0484
	A1-2	人工挖土方 深度2m以内 坚土	100m³	0.0538
4	010101004002	挖基坑土方 1.土壤类别:普通土 2.挖土深度:1000mm	m³	4
	A1-34	挖掘机挖土、自卸汽车运土 运距1km以内 普通土	1000m³	0.0084
	A1-1	人工挖土方 深度2m以内 普通土	100m³	0.0093

五、总结拓展

大开挖土方设置边坡系数

①对于大开挖基坑土方,还可以在生成土方图元后对其进行二次编辑,达到修改土方边坡系数的目的。如图2.188所示为一个筏板基础下面的大开挖土方。

图2.188

②选择功能按钮中"设置放坡系数"→"所有边",再点选该大开挖土方构件,单击右键确认后就会出现"输入放坡系数"对话框,输入实际要求的系数数值后单击"确定"按钮,即可完成放坡设置,如图2.189、图2.190所示。

图2.189

图 2.190

思考与练习

（1）本工程灰土回填是和大开挖一起自动生成的，如果灰土回填不一起自动生成，可以单独布置吗？

（2）斜大开挖土方如何定义与绘制？

2.8　装修工程量计算

通过本节的学习，你将能够：

（1）定义楼地面、天棚、墙面、踢脚、吊顶；

（2）在房间中添加依附构件；

（3）统计各层的装修工程量。

2.8.1　首层装修工程量计算

通过本小节的学习，你将能够：

（1）定义房间；

（2）分类统计首层装修工程量。

一、任务说明

①完成全楼装修工程的楼地面、天棚、墙面、踢脚、吊顶的构件定义及做法套用。

②建立首层房间单元，添加依附构件并绘制。

③汇总计算，统计首层装修工程的工程量。

二、任务分析

①楼地面、天棚、墙面、踢脚、吊顶的构件做法在图中什么位置可以找到?

②各装修做法套用清单和定额时,如何正确地编辑工程量表达式?

③装修工程中如何用虚墙分割空间?

④外墙保温如何定义、套用做法? 地下与地上一样吗?

三、任务实施

1)分析图纸

分析建施-0 的室内装修做法表,首层有 5 种装修类型的房间:电梯厅、门厅;楼梯间;接待室、会议室、办公室;卫生间、清洁间;走廊。装修做法有楼面 1、楼面 2、楼面 3、踢脚 2、踢脚 3、内墙 1、内墙 2、天棚 1、吊顶 1、吊顶 2。建施-3 中有独立柱的装修,设计没有指明独立柱的装修做法,默认同所在房间的装修,首层的独立柱有圆形、矩形。

2)清单、定额计算规则学习

(1)清单计算规则(见表 2.70)

表 2.70　装修清单计算规则

编号	项目名称	单位	计算规则
011102003	块料楼地面	m²	按设计图示尺寸以面积计算。门洞、空圈、暖气包槽、壁龛的开口部分并入相应的工程量内
011102001	石材楼地面	m²	按设计图示尺寸以面积计算。门洞、空圈、暖气包槽、壁龛的开口部分并入相应的工程量内
011105003	块料踢脚线	m	1. 以平方米计量,按设计图示长度乘高度以面积计算; 2. 以米计量,按延长米计算
011105002	石材踢脚线	m	1. 以平方米计量,按设计图示长度乘高度以面积计算; 2. 以米计量,按延长米计算
011407001	墙面喷刷涂料	m²	按设计图示尺寸以面积计算
011204003	块料墙面	m²	按镶贴表面积计算
011407002	天棚喷刷涂料	m²	按设计图示尺寸以面积计算
011302001	吊顶天棚	m²	按设计图示尺寸以水平投影面积计算。天棚面中的灯槽及跌级、锯齿形、吊挂式、藻井式天棚面积不展开计算。不扣除间壁墙、检查口、附墙烟囱、柱垛和管道所占面积,扣除单个 >0.3m² 的孔洞、独立柱及与天棚相连的窗帘盒所占的面积

（2）定额计算规则

①楼地面装修定额计算规则（以楼面2为例），如表2.71所示。

表2.71　楼地面装修定额计算规则

编号	项目名称	单位	计算规则
B1-61	陶瓷地面砖 楼地面 每块面积在6400cm² 以内	m²	块料面层及其他材料面层按设计图示尺寸以面积计算。门洞、空圈、暖气包槽、壁龛的开口部分并入相应的工程量内
B1-60	陶瓷地面砖 楼地面 每块面积在3600cm² 以内	m²	
B1-57	陶瓷地面砖 楼地面 每块面积在900cm² 以内	m²	
B1-16	石材块料面层 大理石楼地面 周长3200mm 以内单色	m²	
B1-1	找平层 水泥砂浆 混凝土或硬基层上 20mm	m²	整体面层及找平层按设计图示尺寸以面积计算。扣除凸出地面构筑物、设备基础、室内地沟等所占面积，不扣除间壁墙及≤0.3m² 柱、垛、附墙烟囱及孔洞所占面积。门洞、空圈、暖气包槽、壁龛的开口部分不增加面积
B1-3	找平层 水泥砂浆 每增减 1mm	m²	
A8-132	涂膜防水 GBS 双组分合成高子防水涂料 三遍（一底二面）	m²	建筑物地面防水、防潮层，按主墙间净空面积计算，扣除凸出地面的构筑物、设备基础等所占的面积，不扣除柱、垛、间壁墙、烟囱及 0.3m² 以内孔洞所占面积。与墙面连接处高度在300mm 以内者按展开面积计算，并入平面工程量内；超过300mm 时，按立面防水层计算

②踢脚定额计算规则，如表2.72所示。

表2.72　踢脚定额计算规则

编号	项目名称	单位	计算规则
B1-10	整体面层 水泥砂浆 踢脚线	m²	踢脚线按实贴长乘高以平方米计算。楼梯踢脚线按相应项目人工、机械乘以 1.15 系数
B1-63	陶瓷地面砖 踢脚线	m²	
B1-30	石材块料面层 踢脚线 大理石 水泥砂浆	m²	

③内墙面、独立柱装修定额计算规则（以内墙1为例），如表2.73所示。

表2.73　内墙面、独立柱装修定额计算规则

编号	项目名称	单位	计算规则
B2-30	一般抹灰 墙面、墙裙抹混合砂浆 内砖墙	m²	内墙面、墙裙抹灰面积应扣除门窗洞口和0.3m²以上的空圈所占的面积,且门窗洞口、空圈、孔洞的侧壁面积亦不增加。不扣除踢脚线、挂镜线及0.3m²以内的孔洞和墙与构件交接处的面积。附墙柱的侧面抹灰应并入墙面、墙裙抹灰工程量内计算。墙面、墙裙的长度以主墙间的图示净长计算,墙面高度按室内地面至天棚底面净高计算,墙面抹灰面积应扣除墙裙抹灰面积,如墙面和墙裙抹灰种类相同者,工程量合并计算,套同一项目
B5-197	刷乳胶漆 抹灰面 两遍	m²	墙面抹灰面上做油漆、喷(刷)涂料及裱糊的工程量,按墙面抹灰工程量乘系数1.04
B2-173	面砖 水泥砂浆粘贴 周长在1200mm以内	m²	墙面贴块料面层,按实贴面积计算
B2-66	挂贴大理石 混凝土柱面	m²	柱饰面面积按外围饰面尺寸乘以高计算
B2-100	大理石 包圆柱	m²	

④天棚、吊顶定额计算规则(以天棚1、吊顶1为例),如表2.74所示。

表2.74　天棚、吊顶定额计算规则

编号	项目名称	单位	计算规则
B3-5	混凝土天棚 一次抹灰 混合砂浆	m²	抹灰及各种吊顶天棚龙骨按主墙间净空面积计算,不扣除间壁墙、检查孔、附墙烟囱、柱、垛和管道所占面积。带梁的天棚抹灰,其梁侧面抹灰并入天棚抹灰工程量内计算
B3-89	铝合金条板天棚龙骨 轻型	m²	
B3-43	装配式U形轻钢天棚龙骨(不上人型) 面层规格600mm×600mm 平面	m²	
B3-115	石膏板天棚面层 安在U形轻钢龙骨上	m²	天棚装饰面层,按主墙间实钉(胶)展开面积以平方米计算,不扣除间壁墙、检查口、附墙烟囱、垛和管道所占面积,但应扣除0.3m²以上的孔洞、独立柱、灯槽及天棚相连的窗帘盒所占面积
B5-197	刷乳胶漆 抹灰面 两遍	m²	抹灰面油漆、喷(刷)涂料及裱糊的工程量:楼地面、天棚、墙、柱、梁面按装饰工程相应的工程量计算规则规定计算

3）装修构件的属性定义

（1）楼地面的属性定义

单击模块导航栏中的"装修"→"楼地面"，在构件列表中单击"新建"→"新建楼地面"，在属性编辑框中输入相应的属性值，如有房间需要计算防水，要在"是否计算防水"处选择"是"，如图2.191所示。

（2）踢脚的属性定义

新建踢脚构件属性定义，如图2.192所示。

属性名称	属性值	附加
名称	楼面1	
块料厚度(	0	☐
顶标高(m)	层底标高	☐
是否计算防	否	☐
备注		☐

图2.191

属性名称	属性值	附加
名称	踢脚2	
块料厚度(	0	☐
高度(mm)	100	☐
起点底标高	墙底标高	☐
终点底标高	墙底标高	☐
备注		☐

图2.192

（3）内墙面的属性定义

新建内墙面构件的属性定义，如图2.193所示。

（4）天棚的属性定义

天棚构件的属性定义，如图2.194所示。

属性名称	属性值	附加
名称	内墙面1	
所附墙材质	程序自动	☐
块料厚度(	0	☐
内/外墙面	内墙面	☐
起点顶标高	墙顶标高	☐
终点顶标高	墙顶标高	☐
起点底标高	墙底标高	☐
终点底标高	墙底标高	☐
备注		☐

图2.193

属性名称	属性值	附加
名称	顶棚1	
备注		☐
⊞ 计算属性		
⊞ 显示样式		

图2.194

（5）吊顶的属性定义

分析建施-9，可知吊顶1距地的高度为3400mm。吊顶1的属性定义，如图2.195所示。

（6）独立柱的属性定义

独立柱的属性定义，如图2.196所示。

属性名称	属性值	附加
名称	吊顶1	
离地高度(	3400	☐
备注		☐

图2.195

属性名称	属性值	附加
名称	独立柱	
块料厚度(	0	☐
顶标高(m)	柱顶标高	☐
底标高(m)	柱底标高	☐
备注		☐

图2.196

（7）房间的属性定义

通过"添加依附构件"，建立房间中的装修构件。构件名称下"楼1"可以切换成"楼2"或是"楼3"，其他的依附构件也是同理进行操作，如图2.197所示。

图2.197

4）做法套用

（1）楼地面的做法套用

①楼面1的做法套用，如图2.198所示。

	编码	类别	项目名称	项目特征	单位	工程量表达式	表达式说明
1	— 011102003	项	块料楼地面	1. 楼面1-陶瓷地砖楼面（11ZJ001楼202陶瓷地砖楼面） 2. 800*800陶瓷地砖铺实拍平，水泥浆擦缝 3. 20厚1：4干硬性水泥砂浆 4. 素水泥浆结合层一遍	m2	KLDMJ	KLDMJ<块料地面积>
2	— B1-61	借	陶瓷地面砖 楼地面 每块面积在6400cm2以内		m2	KLDMJ	KLDMJ<块料地面积>

图2.198

②楼面2的做法套用，如图2.199所示。

	编码	类别	项目名称	项目特征	单位	工程量表达式	表达式说明
1	— 011102003	项	块料楼地面	1. 楼面2-陶瓷地砖卫防水楼面（11ZJ001楼202陶瓷地砖楼面F1（防水楼面） 2. 300*300地砖铺实拍平，水泥浆擦缝或1:1水泥砂浆填缝； 3. 20厚1：4干硬性水泥砂浆； 4. 1.2厚合成高分子防水涂料，四周沿墙上翻250高； 5. 刷基层处理剂一遍； 6. 最薄处15厚1：2水泥砂浆找坡	m2	KLDMJ	KLDMJ<块料地面积>
2	— B1-57	借	陶瓷地面砖 楼地面 每块面积在900cm2以内		m2	KLDMJ	KLDMJ<块料地面积>
3	— B1-1	借	找平层 水泥砂浆 混凝土或硬基层上 20mm		m2	KLDMJ	KLDMJ<块料地面积>
4	— B1-3	借	找平层 水泥砂浆 每增减1mm		m2	KLDMJ	KLDMJ<块料地面积>
5	— A8-132	定	涂膜防水 GBS双组份合成高子防水涂料 三遍(一底二面)		m2	SPFSMJ+LMFSMJSP	SPFSMJ<水平防水面积>LMFSMJSP<立面防水面积><小于最低立面防水高度>

图2.199

③楼地面3的做法套用，如图2.200所示。

	编码	类别	项目名称	项目特征	单位	工程量表达式	表达式说明
1	011102001	项	石材楼地面	1. 楼面3—大理石楼面（11 ZJ001楼205） 2. 20厚大理石板铺平拍实，水泥浆擦缝。 3. 30厚1:4干硬性水泥砂浆 4. 素水泥浆结合层一遍。	m2	KLDMJ	KLDMJ〈块料地面积〉
2	B1-16	借	石材块料面层 大理石楼地面 周长3200mm以内 单色		m2	KLDMJ	KLDMJ〈块料地面积〉

图 2.200

（2）踢脚的做法套用

①踢脚1的做法套用，如图2.201所示。

	编码	类别	项目名称	项目特征	单位	工程量表达式	表达式说明
1	011105001	项	水泥砂浆踢脚线	1. 踢脚1-水泥砂浆踢脚（参11ZJ001踢1水泥砂浆踢脚B） 2. 踢脚线高度：100 3. 底层厚度、砂浆配合比：15厚1:3水泥砂浆 4. 面层厚度、砂浆配合比：10厚1:2水泥砂浆抹面压光	m2	TJMHMJ	TJMHMJ〈踢脚抹灰面积〉
2	B1-10	借	整体面层 水泥砂浆 踢脚线		m2	TJMHMJ	TJMHMJ〈踢脚抹灰面积〉

图 2.201

②踢脚2的做法套用，如图2.202所示。

	编码	类别	项目名称	项目特征	单位	工程量表达式	表达式说明
1	011105003	项	块料踢脚线	1. 踢脚2-面砖踢脚（高100mm,11ZJ001踢5,面砖踢脚B） 2. 刷素水泥浆一遍（内掺水重3~5%白乳胶）； 3. 15厚2:1:8水泥石灰砂浆，分两次抹灰。 4. 3~4厚1:1水泥砂浆加水重20%的白乳胶镶贴。 5. 600*100深色面砖，水泥浆擦缝。	m2	TJKLMJ	TJKLMJ〈踢脚块料面积〉
2	B1-63	借	陶瓷地面砖 踢脚线		m2	TJKLMJ	TJKLMJ〈踢脚块料面积〉

图 2.202

③踢脚3的做法套用，如图2.203所示。

	编码	类别	项目名称	项目特征	单位	工程量表达式	表达式说明
1	011105002	项	石材踢脚线	1. 踢脚3-大理石踢脚（高100mm,参11ZJ001踢6石质板材踢脚B） 2. 刷素水泥浆一遍（内掺水重3~5%白乳胶）； 3. 15厚2:1:8水泥石灰砂浆，分两次抹灰。 4. 5~6厚1:1水泥砂浆加水重20%的白乳胶镶贴。 5. 800*100深色大理石板，水泥浆擦缝。	m2	TJKLMJ	TJKLMJ〈踢脚块料面积〉
2	B1-30	借	石材块料面层 踢脚线 大理石 水泥砂浆		m2	TJKLMJ	TJKLMJ〈踢脚块料面积〉

图 2.203

（3）内墙面的做法套用

①内墙1的做法套用，如图2.204所示。

内墙抹灰脚手架没有直接在内墙面的抹灰面积中套用做法，因为在墙面抹灰的代码中没有内墙脚手架长度的代码，也没有相关联的代码。内墙面脚手架的做法套用位置在墙体工程量中套取做法。

②内墙2的做法套用，如图2.205所示。

编码	类别	项目名称	项目特征	单位	工程量表达式	表达式说明
1 □ 011406001	项	墙面一般抹灰	1. 内墙面1：混合砂浆墙面（11ZJ001内墙102B） 2. 刷专用界面剂一遍， 3. 15厚1:1:6水泥石灰砂浆，分两次抹灰， 4. 5厚1:0.5:3水泥石灰砂浆 5. 刷乳胶漆。	m2	QMMHMJ	QMMHMJ<墙面抹灰面积>
2 B2-30	借	一般抹灰 墙面、墙裙抹混合砂浆 内砖墙		m2	QMMHMJ	QMMHMJ<墙面抹灰面积>
3 B5-197	借	刷乳胶漆 抹灰面 二遍		m2	QMMHMJ*1.04	QMMHMJ<墙面抹灰面积>*1.04

图 2.204

编码	类别	项目名称	项目特征	单位	工程量表达式	表达式说明
1 □ 011204003	项	块料墙面	1. 内墙面2：釉面砖墙面（11ZJ001内墙201釉面砖墙面B） 2. 刷素水泥浆一遍（内掺水重3~5%白乳胶）， 3. 15厚2:1:8水泥石灰砂浆，分两次抹灰， 4. 3~4厚1:1水泥砂浆加水重20%的白乳胶镶贴， 5. 200*300高级釉面砖，白水泥浆擦缝。	m2	QMKLMJ	QMKLMJ<墙面块料面积>
2 B2-173	借	面砖 水泥砂浆粘贴 周长在1200mm以内		m2	QMKLMJ	QMKLMJ<墙面块料面积>

图 2.205

（4）天棚的做法套用

①天棚1的做法套用，如图2.206所示。

编码	类别	项目名称	项目特征	单位	工程量表达式	表达式说明
1 □ 011301001	项	天棚喷刷涂料	1. 混合砂浆顶棚（11ZJ001顶103） 2. 5厚1:1:4水泥石灰砂浆 3. 5厚1:0.5:4水泥石灰砂浆 4. 喷水性耐擦洗涂料	m2	TPMHMJ	TPMHMJ<天棚抹灰面积>
2 B3-5	借	混凝土天棚 一次抹灰 混合砂浆		m2	TPMHMJ	TPMHMJ<天棚抹灰面积>
3 B5-197	借	刷乳胶漆 抹灰面 二遍		m2	TPMHMJ	TPMHMJ<天棚抹灰面积>

图 2.206

②门厅外顶棚的做法套用，如图2.207所示。

编码	类别	项目名称	项目特征	单位	工程量表达式	表达式说明
1 □ 011301001	项	天棚喷刷涂料	1. 混合砂浆顶棚（11ZJ001顶103） 2. 5厚1:1:4水泥石灰砂浆 3. 5厚1:0.5:4水泥石灰砂浆 4. 喷水性耐擦洗涂料	m2	TPMHMJ	TPMHMJ<天棚抹灰面积>
2 B3-5	借	混凝土天棚 一次抹灰 混合砂浆		m2	TPMHMJ	TPMHMJ<天棚抹灰面积>
3 B5-197	借	刷乳胶漆 抹灰面 二遍		m2	TPMHMJ	TPMHMJ<天棚抹灰面积>

图 2.207

（5）吊顶的做法套用

①吊顶1的做法套用，如图2.208所示。

编码	类别	项目名称	项目特征	单位	工程量表达式	表达式说明
1 □ 011302002	项	格栅吊顶	1. 吊顶1：铝合金封闭式条型板吊顶（11ZJ001顶213） 2. 配套金属龙骨（龙骨由生产厂家配套供应） 3. 铝合金条型板，板宽为100mm。	m2	DDMJ	DDMJ<吊顶面积>
2 B3-89	借	铝合金条板天棚龙骨 轻型		m2	DDMJ	DDMJ<吊顶面积>

图 2.208

②吊顶 2 的做法套用,如图 2.209 所示。

	编码	类别	项目名称	项目特征	单位	工程量表达式	表达式说明
1	─ 011302001	项	吊顶天棚	1. 吊顶2:轻钢龙骨石膏装饰板吊顶(11ZJ001顶206) 2. 轻钢龙骨标准骨架:主龙骨中距1000,次龙骨中距600,横撑龙骨中距600; 3. 600*600厚12厚石膏装饰板,自攻螺钉拧牢,孔眼用腻子填平。	m2	DDMJ	DDMJ<吊顶面积>
2	└ B3-43	借	装配式U型轻钢天棚龙骨(不上人型)面层规格 600*600mm 平面		m2	DDMJ	DDMJ<吊顶面积>
3	└ B3-115	借	石膏板天棚面层 安在U型轻钢龙骨上		m2	DDMJ	DDMJ<吊顶面积>

图 2.209

(6)独立柱装修的做法套用

①矩形柱的做法套用,如图 2.210 所示。

	编码	类别	项目名称	项目特征	单位	工程量表达式	表达式说明
1	─ 011208001	项	柱(梁)面装饰	1. 面层材料品种:挂贴大理石	m2	DLZKLMJ	DLZKLMJ<独立柱块料面积>
2	└ B2-66	借	挂贴大理石 混凝土柱面		m2	DLZKLMJ	DLZKLMJ<独立柱块料面积>

图 2.210

②圆形柱的做法套用,如图 2.211 所示。

	编码	类别	项目名称	项目特征	单位	工程量表达式	表达式说明
1	─ 011208001	项	柱(梁)面装饰	1. 面层材料品种:大理石包圆柱	m2	DLZKLMJ	DLZKLMJ<独立柱块料面积>
2	└ B2-100	借	大理石 包圆柱		m2	DLZKLMJ	DLZKLMJ<独立柱块料面积>

图 2.211

5)房间的绘制

(1)点画

按照建施-3 中房间的名称,选择软件中建立好的房间,在要布置装修的房间单击一下,房间中的装修即会自动布置上去。绘制好的房间用三维查看效果,如图 2.212 所示。不同墙的材质其内墙面图元的颜色不一样,混凝土墙的内墙面装修默认为黄色。

图 2.212

(2)独立柱的装修图元的绘制

在模块导航栏中选择"独立柱装修"→"矩形柱",单击"智能布置"→"柱",选中"独立柱",单击右键,独立柱装修绘制完毕,如图 2.213、图 2.214 所示。

图 2.213

图 2.214

（3）定义立面防水高度

切换到楼地面的构件，单击"定义立面防水高度"，单击卫生间的四面，选中要设置的立面防水的边变成蓝色，单击右键确认，弹出如图 2.215 所示"请输入立面防水高度"的对话框，输入 300mm，单击"确定"按钮，立面防水图元绘制完毕，绘制后的结果如图 2.216 所示。

图 2.215

图 2.216

四、任务结果

点画绘制首层所有的房间，保存并汇总计算工程量，统计本层装修的工程量，如表 2.75 所示。

表 2.75　首层装修清单定额量

序号	编码	项目名称及特征	单位	工程量
1	011101001001	水泥砂浆楼地面 1.找平层厚度、砂浆配合比:1:3水泥砂浆	m²	6.945
	B1-1	找平层 水泥砂浆 混凝土或硬基层上 20mm	100m²	0.0725
2	011102001002	石材楼地面 1.楼面 3-大理石楼面（11ZJ001 楼 205） 2.20mm 厚大理石板铺平拍实，水泥浆擦缝 3.30mm 厚 1:4干硬性水泥砂浆 4.素水泥浆结合层一遍	m²	504.7975
	B1-16	石材块料面层 大理石楼地面 周长 3200mm 以内 单色	100m²	5.048

序号	编码	项目名称及特征	单位	工程量
3	011102003001	块料楼地面 1. 楼面2-陶瓷地砖卫防水楼面[11ZJ001 楼202 陶瓷地砖楼面F1(防水楼面)] 2. 300mm×300mm 地砖铺实拍平,水泥浆擦缝或1:1水泥砂浆填缝 3. 20mm 厚1:4干硬性水泥砂浆 4. 1.2mm 厚合成高分子防水涂料,四周沿墙上翻250mm 高 5. 刷基层处理剂一遍 6. 最薄处15mm 厚1:2水泥砂浆找坡	m²	49.0825
	B1-57	陶瓷地面砖 楼地面 每块面积在900cm² 以内	100m²	0.4908
	B1-1	找平层 水泥砂浆 混凝土或硬基层上 20mm	100m²	0.4908
	B1-3	找平层 水泥砂浆 每增减1mm	100m²	0.4908
	A8-132	涂膜防水 GBS 双组分合成高子防水涂料3遍(一底二面)	100m²	0.6018
4	011102003002	块料楼地面 1. 楼面1-陶瓷地砖楼面(11ZJ001 楼202 陶瓷地砖楼面) 2. 800mm×800mm 陶瓷地砖铺实拍平,水泥浆擦缝 3. 20mm 厚1:4干硬性水泥砂浆 4. 素水泥浆结合层一遍	m²	163.8713
	B1-61	陶瓷地面砖 楼地面 每块面积在6400cm² 以内	100m²	1.6387
5	011102003003	块料楼地面 1. 楼面1-陶瓷地砖楼面(05ZJ001 楼10) 2. 600mm×600mm 地砖铺实拍平,水泥浆擦缝 3. 20mm 厚1:4干硬性水泥砂浆 4. 素水泥浆结合层一遍	m²	40.13
	B1-60	陶瓷地面砖 楼地面 每块面积在3600cm² 以内	100m²	0.4013
6	011105002001	石材踢脚线 1. 踢脚3-大理石踢脚(高100mm,参11ZJ001 踢6 石质板材踢脚B) 2. 刷素水泥浆一遍(内掺水重3%～5%白乳胶) 3. 15mm 厚2:1:8水泥石灰砂浆,分两次抹灰 4. 5～6mm 厚1:1水泥砂浆加水重20%的白乳胶镶贴 5. 800mm×100mm 深色大理石板,水泥浆擦缝	m²	31.8375
	B1-30	石材块料面层 踢脚线 大理石 水泥砂浆	100m²	0.3184

续表

序号	编码	项目名称及特征	单位	工程量
7	011105003001	块料踢脚线 1. 踢脚 2-面砖踢脚（高 100mm,11ZJ001 踢 5,面砖踢脚 B） 2. 刷素水泥浆一遍（内掺水重 3% ~5% 白乳胶） 3. 15mm 厚 2∶1∶8 水泥石灰砂浆,分两次抹灰 4. 3 ~ 4mm 厚 1∶1 水泥砂浆加水重 20% 的白乳胶镶贴 5. 600mm × 100mm 深色面砖,水泥浆擦缝	m²	6.6375
	B1-63	陶瓷地面砖 踢脚线	100m²	0.0664
8	011201001001	墙面一般抹灰 1. 内墙面 1∶混合砂浆墙面（11ZJ001 内墙 102B） 2. 刷专用界面剂一遍 3. 15mm 厚 1∶1∶6 水泥石灰砂浆,分两次抹灰 4. 5mm 厚 1∶0.5∶3 水泥石灰砂浆 5. 刷乳胶漆	m²	1125.117
	B2-30	一般抹灰 墙面、墙裙抹混合砂浆 内砖墙	100m²	11.9529
	B5-197	刷乳胶漆 抹灰面 两遍	100m²	12.4311
9	011204003001	块料墙面 1. 内墙面 2∶釉面砖墙面（11ZJ001 内墙 201 釉面砖墙面 B） 2. 刷素水泥浆一遍（内掺水重 3% ~5% 白乳胶） 3. 15mm 厚 2∶1∶8 水泥石灰砂浆,分两次抹灰 4. 3 ~ 4mm 厚 1∶1 水泥砂浆加水重 20% 的白乳胶镶贴 5. 200mm × 300mm 高级釉面砖,白水泥浆擦缝	m²	316.516
	B2-173	面砖 水泥砂浆粘贴 周长在 1200mm 以内	100m²	3.1652
10	011208001001	柱(梁)面装饰 1. 面层材料品种:大理石 包圆柱	m²	76.0033
	B2-100	大理石 包圆柱	100m²	0.76
11	011208001002	柱(梁)面装饰 1. 面层材料品种:挂贴大理石	m²	34
	B2-66	挂贴大理石 混凝土柱面	100m²	0.34

序号	编码	项目名称及特征	单位	工程量
12	011302001001	吊顶天棚 1.吊顶2:轻钢龙骨石膏装饰板吊顶（11ZJ001 顶206） 2.轻钢龙骨标准骨架:主龙骨中距1000mm,次龙骨中距600mm,横撑龙骨中距600mm 3.600mm×600mm 厚12mm 厚石膏装饰板,自攻螺钉拧牢,孔眼用腻子填平	m²	163.3144
	B3-43	装配式 U 形轻钢天棚龙骨（不上人型）面层规格600mm×600mm 平面	100m²	1.6388
	B3-115	石膏板天棚面层 安在 U 形轻钢龙骨上	100m²	1.6388
13	011302002001	格栅吊顶 1.吊顶1:铝合金封闭式条形板吊顶（11ZJ001 顶213） 2.配套金属龙骨（龙骨由生产厂家配套供应） 3.铝合金条型板,板宽为100mm	m²	423.2556
	B3-89	铝合金条板天棚龙骨 轻型	100m²	4.2398
14	011407001001	墙面喷刷涂料 1.外墙1 2.15mm 厚 2:1:8水泥石灰砂浆找平 3.2mm 厚聚合物防水层 4.30mm 厚玻化微珠保温砂浆保温层 5.高分子乳液弹性底层涂料一遍 6.外墙涂料	m²	217.21
	B5-243	外墙多彩花纹涂料 抹灰面	100m²	2.259
15	011407001002	墙面喷刷涂料 1.外墙1-混凝土墙 2.15mm 厚 2:1:8水泥石灰砂浆找平 3.2mm 厚聚合物防水层 4.30mm 厚玻化微珠保温砂浆保温层 5.高分子乳液弹性底层涂料一遍 6.外墙涂料	m²	115.92
	B5-243	外墙多彩花纹涂料 抹灰面	100m²	1.2056
16	011407002001	天棚喷刷涂料 1.水泥砂浆顶棚（11ZJ001 顶104） 2.7mm 厚1:3水泥砂浆 3.5mm 厚1:2水泥砂浆 4.刷乳胶漆	m²	254.0231
	B3-3	混凝土天棚 水泥砂浆 现浇	100m²	2.5402
	B5-197	刷乳胶漆 抹灰面 两遍	100m²	2.5402

五、总结拓展

装修的房间必须封闭

在绘制房间图元时,要保证房间必须是封闭的,否则会弹出如图 2.217 所示"确认"对话框,在 MQ1 的位置绘制一道虚墙。

图 2.217

思考与练习

(1)虚墙是否计算内墙面工程量?
(2)虚墙是否影响楼面的面积?

2.8.2 其他层装修工程量计算

通过本小节的学习,你将能够:
(1)分析软件在计算装修时的计算思路;
(2)计算各层装修的工程量。

一、任务说明

完成各楼层工程装修的工程量。

二、任务分析

①首层做法与其他楼层有何不同?
②装修工程量的计算与主体构件的工程量计算有何不同?

三、任务实施

1)分析图纸

由建施-0 中室内装修做法表可知,地下一层所用的装修做法和首层装修做法基本相同,地面做法为地面1、地面2、地面3。二层至机房层装修做法基本和首层的装修做法相同,可以把首层构件复制到其他楼层,然后重新组合房间即可。

由建施-2 可知,地下一层地面为 −3.6m;由结施-3 可知,地下室底板顶标高为 −4.4m,回填标高范围为 4.4m −3.6m − 地面做法厚度。

2)清单、定额计算规则学习

(1)清单计算规则(见表2.76)

表2.76 其他层装修清单计算规则

编号	项目名称	单位	计算规则
011101003	细石混凝土楼地面	m²	按设计图示尺寸以面积计算。扣除凸出地面构筑物、设备基础、室内铁道、地沟等所占面积,不扣除间壁墙及≤0.3m²柱、垛、附墙烟囱及孔洞所占面积。门洞、空圈、暖气包槽、壁龛的开口部分不增加面积
011101001	水泥砂浆楼地面	m²	按设计图示尺寸以面积计算。扣除凸出地面构筑物、设备基础、室内铁道、地沟等所占面积,不扣除间壁墙及≤0.3m²柱、垛、附墙烟囱及孔洞所占面积。门洞、空圈、暖气包槽、壁龛的开口部分不增加面积
010103001	回填方	m³	按设计图示尺寸以体积计算。 1.场地回填:回填面积乘平均回填厚度; 2.室内回填:主墙间面积乘回填厚度,不扣除间隔墙; 3.基础回填:按挖方清单项目工程量减去自然地坪以下埋设的基础体积(包括基础垫层及其他构筑物)

(2)定额计算规则(以地面1为例,见表2.77)

表2.77 其他层装修定额计算规则

编号	项目名称	单位	计算规则
B1-4	找平层 细石混凝土 30mm	m²	整体面层及找平层按设计图示尺寸以面积计算。扣除凸出地面构筑物、设备基础、室内地沟等所占面积,不扣除间壁墙及0.3m²柱、垛、附墙烟囱及孔洞所占面积。门洞、空圈、暖气包槽、壁龛的开口部分不增加面积
B1-1	找平层 水泥砂浆 混凝土或硬基层上 20mm	m²	
B1-60	陶瓷地面砖 楼地面 每块面积在3600cm²以内	m²	块料面层及其他材料面层按设计图示尺寸以面积计算。门洞、空圈、暖气包槽、壁龛的开口部分并入相应的工程量内
A8-115	涂膜防水 防水砂浆 平面	m²	建筑物地面防水、防潮层,按主墙间净空面积计算,扣除凸出地面的构筑物、设备基础等所占面积,不扣除柱、垛、间壁墙、烟囱及0.3m²以内孔洞所占面积。与墙面连接处高度在300mm以内者展开面积计算,并入平面工程量内;超过300mm时,按立面防水层计算

3)房心回填属性定义

在模块导航栏中单击"土方"→"房心回填",在构件列表中单击"新建"→"新建房心回填",其属性定义如图2.218所示。

属性名称	属性值	附加
名称	FXHT-1	
厚度(mm)	700	☐
顶标高(m)	层底标高+	☐
回填方式	夯填	☐
备注		☐

图2.218

4)画法讲解

房心回填采用点画法绘制。

四、任务结果

汇总计算,统计其他层的装修工程量,如表2.78所示。

表2.78　其他层装修工程量

序号	编码	项目名称及特征	单位	工程量
1	011101001003	水泥砂浆楼地面 1.地面2-防水砂浆地面(11ZJ001 地103) 2.找平层厚度、砂浆配合比:80mm 厚 C15 混凝土垫层 3.面层厚度、砂浆配合比:20mm 厚掺外加剂水泥防水砂浆抹面,表面压光	m²	342.6975
	A8-115	涂膜防水 防水砂浆 平面	100m²	3.7058
	A2-14	垫层 混凝土	10m³	2.7416
2	011101001001	水泥砂浆楼地面 1.找平层厚度、砂浆配合比:1:3水泥砂浆	m²	35.68
	B1-1	找平层 水泥砂浆 混凝土或硬基层上 20mm	100m²	0.3692
3	011101003001	细石混凝土楼地面 1.地面1-细石混凝土防潮地面(11ZJ001 地105) 2.找平层厚度、砂浆配合比:80mm 厚 C15 混凝土垫层 3.面层厚度、混凝土强度等级:40mm 厚 C20 细石混凝土,随打随抹光	m²	487.5063
	B1-4	找平层 细石混凝土 30mm	100m²	4.8751
	A2-14	垫层 混凝土	10m³	3.9001

续表

序号	编码	项目名称及特征	单位	工程量
4	011102001002	石材楼地面 1.楼面3-大理石楼面(11ZJ001 楼 205) 2.20mm 厚大理石板铺平拍实,水泥浆擦缝 3.30mm 厚 1:4 干硬性水泥砂浆 4.素水泥浆结合层一遍	m²	2342.6188
	B1-16	石材块料面层 大理石楼地面 周长 3200mm 以内 单色	100m²	23.4262
5	011102003001	块料楼地面 1.楼面2-陶瓷地砖卫防水楼面[11ZJ001 楼 202 陶瓷地砖楼面 F1(防水楼面)] 2.300mm × 300mm 地砖铺实拍平,水泥浆擦缝或 1:1 水泥砂浆填缝 3.20mm 厚 1:4 干硬性水泥砂浆 4.1.2mm 厚合成高分子防水涂料,四周沿墙上翻 250mm 高 5.刷基层处理剂一遍 6.最薄处 15mm 厚 1:2 水泥砂浆找坡	m²	196.3075
	B1-57	陶瓷地面砖 楼地面 每块面积在 900cm² 以内	100m²	1.9631
	B1-1	找平层 水泥砂浆 混凝土或硬基层上 20mm	100m²	1.9631
	B1-3	找平层 水泥砂浆 每增减 1mm	100m²	1.9631
	A8-132	涂膜防水 GBS 双组分合成高子防水涂料 3 遍(一底二面)	100m²	2.4082
6	011102003002	块料楼地面 1.地面3-陶瓷地砖地面(11ZJ001 地 202A) 2.找平层厚度、砂浆配合比:80mm 厚 C15 混凝土垫层 3.结合层厚度、砂浆配合比:素水泥浆结合层一遍 4.面层材料品种、规格、颜色:600mm × 600mm 地砖铺实拍平,水泥浆擦缝	m²	19.07
	A2-14	垫层 混凝土	10m³	0.1534
	B1-60	陶瓷地面砖 楼地面 每块面积在 3600cm² 以内	100m²	0.1907
7	011102003003	块料楼地面 1.楼面1-陶瓷地砖楼面(11ZJ001 楼 202 陶瓷地砖楼面) 2.800mm × 800mm 陶瓷地砖铺实拍平,水泥浆擦缝 3.20mm 厚 1:4 干硬性水泥砂浆 4.素水泥浆结合层一遍	m²	308.35
	B1-61	陶瓷地面砖 楼地面 每块面积在 6400cm² 以内	100m²	3.0835

续表

序号	编码	项目名称及特征	单位	工程量
8	011102003004	块料楼地面 1.楼面1-陶瓷地砖楼面(05ZJ001 楼10) 2.600mm×600mm 地砖铺实拍平,水泥浆擦缝 3.20mm 厚1:4干硬性水泥砂浆 4.素水泥浆结合层一遍	m²	141.07
	B1-60	陶瓷地面砖 楼地面 每块面积在3600cm²以内	100m²	1.4107
9	011102003005	块料楼地面 1.地面3-陶瓷地砖地面(11ZJ001 地202A) 2.找平层厚度、砂浆配合比:80mm 厚 C15 混凝土垫层 3.结合层厚度、砂浆配合比:素水泥浆结合层一遍 4.面层材料品种、规格、颜色:800mm×800mm 地砖铺实拍平,水泥浆擦缝	m²	28.49
	A2-14	垫层 混凝土	10m³	0.224
	B1-61	陶瓷地面砖 楼地面 每块面积在6400cm²以内	100m²	0.2849
10	011105001001	水泥砂浆踢脚线 1.踢脚1-水泥砂浆踢脚(参 11ZJ001 踢1 水泥砂浆踢脚 B) 2.踢脚线高度:100mm 3.底层厚度、砂浆配合比:15mm 厚1:3水泥砂浆 4.面层厚度、砂浆配合比:10mm 厚1:2水泥砂浆抹面压光	m²	56.1187
	B1-10	整体面层 水泥砂浆 踢脚线	100m²	0.5612
11	011105002001	石材踢脚线 1.踢脚3-大理石踢脚(高 100mm,参 11ZJ001 踢6 石质板材踢脚 B) 2.刷素水泥浆一遍(内掺水重3%~5%白乳胶) 3.15mm 厚2:1:8水泥石灰砂浆,分两次抹灰 4.5~6mm 厚1:1水泥砂浆加水重20%的白乳胶镶贴 5.800mm×100mm 深色大理石板,水泥浆擦缝	m²	124.6502
	B1-30	石材块料面层 踢脚线 大理石 水泥砂浆	100m²	1.2465
12	011105003001	块料踢脚线 1.踢脚2-面砖踢脚(高 100mm,11ZJ001 踢5,面砖踢脚 B) 2.刷素水泥浆一遍(内掺水重3%~5%白乳胶) 3.15mm 厚2:1:8水泥石灰砂浆,分两次抹灰 4.3~4mm 厚1:1水泥砂浆加水重20%的白乳胶镶贴 5.600mm×100mm 深色面砖,水泥浆擦缝	m²	26.545
	B1-63	陶瓷地面砖 踢脚线	100m²	0.2655

续表

序号	编码	项目名称及特征	单位	工程量
13	011201001001	墙面一般抹灰 1.内墙面1:混合砂浆墙面(11ZJ001 内墙 102B) 2.刷专用界面剂一遍 3.15mm 厚 1:1:6 水泥石灰砂浆,分两次抹灰 4.5mm 厚 1:0.5:3 水泥石灰砂浆 5.刷乳胶漆	m²	5328.1094
	B2-30	一般抹灰 墙面、墙裙抹混合砂浆 内砖墙	100m²	56.2337
	B5-197	刷乳胶漆 抹灰面 两遍	100m²	58.4831
14	011204003001	块料墙面 1.内墙面2:釉面砖墙面(11ZJ001 内墙 201 釉面砖墙面 B) 2.刷素水泥浆一遍(内掺水重3%~5%白乳胶) 3.15mm 厚 2:1:8 水泥石灰砂浆,分两次抹灰 4.3~4mm 厚 1:1 水泥砂浆加水重20%的白乳胶镶贴 5.200mm×300mm 高级釉面砖,白水泥浆擦缝	m²	1493.6868
	B2-173	面砖 水泥砂浆粘贴 周长在 1200mm 以内	100m²	14.9369
15	011208001001	柱(梁)面装饰 1.面层材料品种:大理石 包圆柱	m²	115.2117
	B2-100	大理石 包圆柱	100m²	1.1521
16	011208001002	柱(梁)面装饰 1.面层材料品种:挂贴大理石	m²	185.5318
	B2-66	挂贴大理石 混凝土柱面	100m²	1.8553
17	011302001001	吊顶天棚 1.吊顶2:轻钢龙骨石膏装饰板吊顶(11ZJ001 顶 206) 2.轻钢龙骨标准骨架:主龙骨中距1000mm,次龙骨中距600mm,横撑龙骨中距600mm 3.600mm×600mm 12mm 厚石膏装饰板,自攻螺钉拧牢,孔眼用腻子填平	m²	1217.6851
	B3-43	装配式 U 形轻钢天棚龙骨(不上人型)面层规格 600mm×600mm 平面	100m²	12.2263
	B3-115	石膏板天棚面层 安在 U 形轻钢龙骨上	100m²	12.2263

续表

序号	编码	项目名称及特征	单位	工程量
18	011302002001	格栅吊顶 1. 吊顶1：铝合金封闭式条形板吊顶（11ZJ001 顶213） 2. 配套金属龙骨（龙骨由生产厂家配套供应） 3. 铝合金条形板，板宽为100mm	m²	1616.0294
	B3-89	铝合金条板天棚龙骨 轻型	100m²	16.1855
19	011407001001	墙面喷刷涂料 1. 外墙1 2. 15mm 厚2:1:8水泥石灰砂浆找平 3. 2mm 厚聚合物防水层 4. 30mm 厚玻化微珠保温砂浆保温层 5. 高分子乳液弹性底层涂料一遍 6. 外墙涂料	m²	1206.8175
	B5-243	外墙多彩花纹涂料 抹灰面	100m²	12.5509
20	011407001002	墙面喷刷涂料 1. 地下室外墙面 2. 15mm 厚2:1:8水泥石灰砂浆找平 3. 2mm 厚聚合物防水层 4. 30mm 厚玻化微珠保温砂浆保温层 5. 高分子乳液弹性底层涂料一遍 6. 外墙涂料	m²	26.6345
	B2-31	一般抹灰 墙面、墙裙抹混合砂浆 外砖墙	100m²	0.2663
	B5-243	外墙多彩花纹涂料 抹灰面	100m²	0.277
21	011407001003	墙面喷刷涂料 1. 外墙1-混凝土墙 2. 15nn 厚2:1:8水泥石灰砂浆找平 3. 2mm 厚聚合物防水层 4. 30mm 厚玻化微珠保温砂浆保温层 5. 高分子乳液弹性底层涂料一遍 6. 外墙涂料	m²	461.82
	B5-243	外墙多彩花纹涂料 抹灰面	100m²	4.8029
22	011407002001	天棚喷刷涂料 1. 水泥砂浆顶棚（11ZJ001 顶104） 2. 7mm 厚1:3水泥砂浆 3. 5mm 厚1:2水泥砂浆 4. 刷乳胶漆	m²	254.0231
	B3-3	混凝土天棚 水泥砂浆 现浇	100m²	2.5402
	B5-197	刷乳胶漆 抹灰面 两遍	100m²	2.5402

序号	编码	项目名称及特征	单位	工程量
23	011407002003	天棚喷刷涂料 1. 混合砂浆顶棚（11ZJ001 顶 103） 2. 5mm 厚 1∶1∶4水泥石灰砂浆 3. 5mm 厚 1∶0.5∶4水泥石灰砂浆 4. 喷水性耐擦洗涂料	m²	1073.6587
	B3-5	混凝土天棚 一次抹灰 混合砂浆	100m²	10.7366
	B5-197	刷乳胶漆 抹灰面 两遍	100m²	10.7366

思考与练习

(1)一层的门厅位置在二层绘制装修图元时应注意些什么？

(2)粘结层是否套用定额？

2.8.3　外墙保温工程量计算

通过本小节的学习,你将能够:

(1)定义外墙保温层;

(2)统计外墙保温的工程量。

一、任务说明

完成各楼层外墙保温的工程量。

二、任务分析

①地上外墙与地下部分保温层的做法有何不同？

②保温层增加后是否会影响外墙装修的工程量计算？

三、任务实施

1)分析图纸

分析建施-0 中"(三)节能设计"可知,外墙外侧做 35mm 厚的保温,从"(四)防水设计"中可知地下室外墙有 60mm 厚的保护层。

2)清单、定额计算规则学习

(1)清单计算规则(见表2.79)

表 2.79　外墙保温清单计算规则

编号	项目名称	单位	计算规则
011001003	保温隔热墙面	m²	按设计图示尺寸以面积计算。扣除门窗洞口以及面积 >0.3m² 梁、孔洞所占面积;门窗洞口侧壁以及与墙相连的柱,并入保温墙体工程量内

（2）定额计算规则（见表 2.80）

表 2.80　外墙保温定额计算规则

编号	项目名称	单位	计算规则
A9-1	外墙保温 外墙聚苯板薄抹灰保温系统 30mm 厚聚苯板保温层	m²	按保温面展开面积计算工程量
A8-27	石油沥青改性卷材 热贴满铺 一胶一毡	m²	按实贴面积计算
A9-4	外墙保温 保温砂浆保温系统 保温层 30mm 厚玻化微珠	m²	按保温面展开面积计算工程量
A8-102	涂膜防水 厚 2mm 聚氨酯 涂刷两遍	100m²	按实际涂面积计算

3）属性定义

保温层的属性定义,如图 2.219 所示。

属性名称	属性值	附加
名称	外墙保温	
材质	水泥聚苯	□
厚度(mm)	35	□
空气层厚度(mm)	0	□
备注		□

图 2.219

4）做法套用

地上外墙保温层的做法套用,如图 2.220 所示。

	编码	类别	项目名称	项目特征	单位	工程量表达式	表达式说明
1	⊟ 011001003	项	保温隔热墙面	1. 外墙1 2. 15厚2:1:8水泥石灰砂浆找平; 3. 2厚聚合物防水层; 4. 30厚玻化微珠保温砂浆保温层; 5. 高分子乳液弹性底层涂料一遍; 6. 外墙涂料	m2	MJ	MJ<面积>
2	B2-31	借	一般抹灰 墙面、墙裙抹混合砂浆 外砖墙		m2	MJ	MJ<面积>
3	A8-102	定	涂膜防水 厚2mm聚氨酯 涂刷二遍		m2	MJ	MJ<面积>
4	A9-4	定	外墙保温 保温砂浆保温系统 保温层 30mm厚玻化微珠		m2	MJ	MJ<面积>

图 2.220

5）画法讲解

切换到基础层,单击"其他"→"保温层",选择"智能布置"→"外墙外边线",把外墙局部放大,可以看到在混凝土外墙的外侧有保温层,如图2.221所示。

图2.221

四、任务结果

按照以上保温层的绘制方式,完成其他层外墙保温层的绘制,并汇总计算,统计各层保温的工程量,如表2.81所示。

表2.81 外墙保温工程量

序号	编码	项目名称及特征	单位	工程量
1	011001003001	保温隔热墙面 1.地下室外墙 2.20mm厚1:2水泥砂浆找平 3.刷基层处理剂一遍 4.4mm厚SBS改性沥青防水卷材 5.30mm厚聚苯乙烯泡沫塑料板 6.500mm厚三七灰土,分层夯实	m^2	621.391
	B1-1	找平层 水泥砂浆 混凝土或硬基层上 20mm	$100m^2$	6.2139
	A8-27	石油沥青改性卷材 热贴满铺 一胶一毡	$100m^2$	6.2139
	A9-4	外墙保温 保温砂浆保温系统 保温层 30mm厚玻化微珠	$100m^2$	6.2139
	A2-1	垫层 灰土	$10m^3$	27.8181
2	011001003002	保温隔热墙面 1.外墙1 2.15mm厚2:1:8水泥石灰砂浆找平 3.2mm厚聚合物防水层 4.30mm厚玻化微珠保温砂浆保温层 5.高分子乳液弹性底层涂料一遍 6.外墙涂料	m^2	1503.6619

续表

序号	编码	项目名称及特征	单位	工程量
2	B2-31	一般抹灰 墙面、墙裙抹混合砂浆 外砖墙	100m²	15.0366
	A8-102	涂膜防水 厚2mm 聚氨酯 涂刷两遍	100m²	15.0366
	A9-4	外墙保温 保温砂浆保温系统 保温层30mm 厚玻化微珠	100m²	15.0366
3	011001003003	保温隔热墙面 1.外墙1-混凝土外墙 2.15mm 厚2:1:8水泥石灰砂浆找平 3.2mm 厚聚合物防水层 4.30mm 厚玻化微珠保温砂浆保温层 5.高分子乳液弹性底层涂料一遍 6.外墙涂料	m²	465.672
	B2-33	一般抹灰 墙面、墙裙抹混合砂浆 混凝土外墙	100m²	4.6567
	A9-4	外墙保温 保温砂浆保温系统 保温层30mm 厚玻化微珠	100m²	4.6567
	A8-102	涂膜防水 厚2mm 聚氨酯 涂刷两遍	100m²	4.6567

思考与练习

(1)自行车坡道墙是否需要保温?

(2)基础外墙保温层的厚度是多少?

2.9 楼梯工程量计算

通过本节的学习,你将能够:

(1)分析整体楼梯包含的内容;

(2)定义参数化楼梯;

(3)绘制楼梯;

(4)统计各层楼梯工程量。

一、任务说明

①使用参数化楼梯来完成楼梯的属性定义、做法套用。

②汇总计算,统计楼梯的工程量。

二、任务分析

①楼梯都由哪些构件组成？每一构件都对应有哪些工作内容？做法如何套用？

②如何正确地编辑楼梯各构件的工程量表达式？

三、任务实施

1)分析图纸

分析建施-13、建施-14、结施-15、结施-16 及各层平面图可知,本工程有两部楼梯,位于④—⑤轴间的为 1 号楼梯,位于⑨—⑪轴间的为 2 号楼梯。1 号楼梯从地下室开始到机房层,2 号楼梯从首层开始到四层。

依据定额计算规则可知,楼梯按照水平投影面积计算混凝土和模板面积。通过分析图纸可知,TZ1 和 TZ2 的工程量不包含在整体楼梯中,需要单独计算。楼梯底面抹灰要按照天棚抹灰计算。

从建施-13 剖面图中可以看出,楼梯的休息平台处有不锈钢护窗栏杆,高 1000mm,其长度为休息平台的宽度(即楼梯的宽度)。

2)定额、清单计算规则学习

(1)清单计算规则(见表 2.82)

表 2.82　楼梯清单计算规则

编号	项目名称	单位	计算规则
010506001	直形楼梯	m²	1. 以平方米计量,按设计图示尺寸以水平投影面积计算;不扣除宽度≤500mm 的楼梯井,伸入墙内部分不计算。 2. 以立方米计量,按设计图示尺寸以体积计算
011702024	直形楼梯模板	m²	按楼梯(包括休息平台、平台梁、斜梁和楼层板的连接梁)的水平投影面积计算,不扣除宽度≤500mm 的楼梯井所占面积,楼梯踏步、踏步板、平台梁等侧面模板不另计算,伸入墙内部分亦不增加
011503001	金属扶手、栏杆、栏板	m	按设计图示尺寸以扶手中心线长度(包括弯头长度)计算

(2)定额计算规则(见表 2.83)

表 2.83　楼梯定额计算规则

编号	项目名称	单位	计算规则
A5-91	现拌混凝土 楼梯	m²	整体楼梯包括休息平台、平台梁、斜梁及楼梯的连接梁,按水平投影面积计算,不扣除宽度小于500mm 的楼梯井,伸入墙内部分不另增加

续表

编号	项目名称	单位	计算规则
A13-42	现浇混凝土模板 楼梯 直形 木模板木支撑	m²	现浇钢筋混凝土楼梯,以图示尺寸的水平投影面积计算,不扣除小于 500 mm 楼梯井所占面积。楼梯的踏步、踏步板平台梁等侧面模板,不另计算
B1-65	陶瓷地面砖 楼梯	m²	楼梯面积按设计图示尺寸以楼梯(包括踏步、休息平台及≤500mm 以内的楼梯井)水平投影面积计算;楼梯与楼地面相连时算至梯口梁内侧;无梯口梁者,算至最上一层踏步边沿加 300mm
B1-63	陶瓷地面砖 踢脚线 人工、机械×1.15	m²	踢脚线按实贴长乘高以平方米计算。楼梯踢脚线按相应项目人工、机械乘以 1.15 系数
B2-37	一般抹灰 抹混合砂浆 零星项目 梯段侧面	m²	零星项目面层适用于楼梯侧面
B5-197	刷乳胶漆 抹灰面 两遍	m²	墙面抹灰面上做油漆、喷(刷)涂料及裱糊的工程量,按墙面抹灰工程量乘系数 1.04
B3-5	混凝土天棚 一次抹灰 混合砂浆	m²	板式楼梯底面的装饰工程量按水平投影面积乘 1.15 系数计算,梁式楼梯底面按水平投影面积乘以 1.37 系数计算,套用天棚定额
B1-152	不锈钢管栏杆 直线形 其他	m	栏杆、栏板、扶手均按其中心线长度以延长米计算,弯头长度并入扶手延长米内计算
B1-180	不锈钢扶手	m	
B1-200	扶手弯头	个	弯头按个计算

3)楼梯定义

楼梯可以按照水平投影面积布置,也可以绘制参数化楼梯,本工程按照参数化布置是为了方便计算楼梯底面抹灰等装修工程的工程量。

1 号楼梯和 2 号楼梯都为直行双跑楼梯,以 1 号楼梯为例进行讲解。在模块导航栏中单击"楼梯"→"楼梯"→"参数化楼梯",弹出如图 2.222 所示"选择参数化图形"对话框,选择"直行双跑楼梯",单击"确定"按钮进入"编辑图形参数"对话框,按照结施-15 中的数据更改绿色的字体,编辑完参数后单击"保存退出"按钮即可,如图 2.223 所示。

图 2.222

图 2.223

4）做法套用

1 号楼梯的做法套用，如图 2.224 所示。

	编码	类别	项目名称	项目特征	单位	工程量表达式	表达式说明
1	⊟ 010506001	项	直形楼梯		m2	TYMJ	TYMJ〈水平投影面积〉
2	A5-91	定	现拌砼 楼梯		m2投	TYMJ	TYMJ〈水平投影面积〉
3	⊟ 011702024	项	楼梯	1. 木模板木支撑	m2	TYMJ	TYMJ〈水平投影面积〉
4	A13-42	定	现浇砼模板 楼梯 直形 木模板木支撑		m2投影面	TYMJ	TYMJ〈水平投影面积〉
5	⊟ 011106002	项	块料楼梯面层	1. 成品防滑地砖 2. 楼梯踏步、防滑条：（11ZJ401 16/39）	m2	TYMJ	TYMJ〈水平投影面积〉
6	B1-65	借	陶瓷地面砖 楼梯		m2	TYMJ	TYMJ〈水平投影面积〉
7	⊟ 011105003	项	块料踢脚线	1. 楼梯踢脚线 2.踢脚2-面砖踢脚（高100mm,11 ZJ001踢5,面砖踢脚B） 3. 刷素水泥浆一遍（内掺水重3~5 %白乳胶）； 4. 15厚2:1:8水泥石灰砂浆，分两次抹灰； 5.3~4厚1:1水泥砂浆加水重20%的白乳胶镶贴； 6.600*100深色面砖，水泥浆擦缝	m2	TJXMMJ	TJXMMJ〈踢脚线面积（斜）〉
8	B1-63	借	陶瓷地面砖 踢脚线 人工、机械*1.15		m2	TJXMMJ	TJXMMJ〈踢脚线面积（斜）〉
9	⊟ 011203001	项	零星项目一般抹灰	1. 基层类型、部位：梯段侧面 2. 内墙面1：混合砂浆墙面（11 ZJ001内墙102B） 3. 刷专用界面剂一遍 4. 15厚1:1:6水泥石灰砂浆，分两次抹灰； 5.5厚1:0.5:3水泥石灰砂浆 6. 刷乳胶漆	m2	TDCMMJ	TDCMMJ〈梯段侧面面积〉
10	B2-37	借	一般抹灰 抹混合砂浆 零星项目		m2	TDCMMJ	TDCMMJ〈梯段侧面面积〉
11	B5-197	借	刷乳胶漆 抹灰面 二遍		m2	TDCMMJ*1.04	TDCMMJ〈梯段侧面面积〉*1.04
12	⊟ 011301001	项	天棚抹灰	1. 混合砂浆顶棚（11ZJ001顶103） 2. 5厚1:1:4水泥石灰砂浆 3. 5厚1:0.5:4水泥石灰砂浆 4. 刷乳胶漆	m2	TYMJ	TYMJ〈水平投影面积〉
13	B3-5	借	混凝土天棚 一次抹灰 混合砂浆		m2	TYMJ*1.15	TYMJ〈水平投影面积〉*1.15
14	B5-197	借	刷乳胶漆 抹灰面 二遍		m2	TYMJ*1.15	TYMJ〈水平投影面积〉*1.15
15	⊟ 011503001	项	金属扶手、栏杆、栏板	1. 11ZJ401 不锈钢栏杆二:	m	LGCD	LGCD〈栏杆扶手长度〉
16	B1-152	借	不锈钢管栏杆 直线型 其他		m	LGCD	LGCD〈栏杆扶手长度〉
17	B1-180	借	不锈钢扶手 直形 φ60		m	LGCD	LGCD〈栏杆扶手长度〉
18	B1-200	借	扶手、弯头 不锈钢 φ60		个	2	2

图 2.224

5）楼梯画法讲解

①首层楼梯绘制。楼梯可以用点画绘制，点画绘制时需要注意楼梯的位置。绘制的 1 号楼梯图元如图 2.225 所示。

②利用层间复制功能复制 1 号楼梯到其他层，完成各层楼梯的绘制。

四、任务结果

汇总计算，统计各层楼梯的工程量，如表 2.84 所示。

图 2.225

表2.84 楼梯的工程量

序号	编码	项目名称及特征	单位	工程量
1	010506001001	直形楼梯	m²	115.4175
	A5-91	现拌混凝土 楼梯	10m² 投影面积	11.5418
2	011105003003	块料踢脚线 1.楼梯踢脚线 2.踢脚2-面砖踢脚(高100mm,11ZJ001 踢5,面砖踢脚B) 3.刷素水泥浆一遍(内掺水重3%~5%白乳胶) 4.15mm 厚2∶1∶8水泥石灰砂浆,分两次抹灰 5.3~4mm 厚1∶1水泥砂浆加水重20%的白乳胶镶贴 6.600mm×100mm 深色面砖,水泥浆擦缝	m²	17.7899
	B1-63	陶瓷地面砖 踢脚线 人工、机械×1.15	100m²	0.1779
3	011106002001	块料楼梯面层 1.成品防滑地砖 2.楼梯踏步、防滑条(11ZJ401 16/39)	m²	115.4175
	B1-65	陶瓷地面砖 楼梯	100m²	1.1542
4	011203001003	零星项目一般抹灰 1.基层类型、部位:梯段侧面 2.内墙面1:混合砂浆墙面(11ZJ001 内墙102B) 3.刷专用界面剂一遍 4.15mm 厚1∶1∶6水泥石灰砂浆,分两次抹灰 5.5mm 厚1∶0.5∶3水泥石灰砂浆 6.刷乳胶漆	m²	12.0447
	B2-37	一般抹灰 抹混合砂浆 零星项目	100m²	0.1204
	B5-197	刷乳胶漆 抹灰面 两遍	100m²	0.1253
5	011301001001	天棚抹灰 1.混合砂浆顶棚(11ZJ001 顶103) 2.5mm 厚1∶1∶4水泥石灰砂浆 3.5mm 厚1∶0.5∶4水泥石灰砂浆 4.刷乳胶漆	m²	115.4175
	B3-5	混凝土天棚 一次抹灰 混合砂浆	100m²	1.3273
	B5-197	刷乳胶漆 抹灰面 两遍	100m²	1.3273

续表

序号	编码	项目名称及特征	单位	工程量
6	011503001001	金属扶手、栏杆、栏板 1.11ZJ401 不锈钢栏杆二	m	71.3653
	B1-152	不锈钢管栏杆 直线形 其他	100m	0.7137
	B1-180	不锈钢扶手 直形 φ60	100m	0.7137
	B1-200	扶手、弯头 不锈钢 φ60	10 个	1.6

五、总结拓展

建筑图楼梯给出的标高为建筑标高,绘图时定义的是结构标高,在绘图时将楼梯标高调整为结构标高。

组合楼梯就是楼梯使用单个构件绘制后的楼梯,每个单构件都要单独定义、单独绘制。

（1）组合楼梯构件定义

①直形梯段的定义,单击"新建直形梯段",将上述图纸信息输入,如图2.226所示。

②休息平台的定义,单击"新建现浇板",将上述图纸信息输入,如图2.227所示。

属性名称	属性值	附加
名称	直形梯段1	
材质	预拌混凝	
砼类型	预拌砼	
砼标号	(C25)	
踏步总高(	1800	
踏步高度(	150	
梯板厚度(	100	
底标高(m)	-3.6	
建筑面积计	不计算	
备注		

图 2.226

属性名称	属性值	附加
名称	梯板	
材质	预拌混凝	
类别	有梁板	
砼类型	预拌砼	
砼标号	C25	
厚度(mm)	100	
顶标高(m)	-1.8	
坡度(°)		
是否是楼板	否	
是否是空心	否	
模板类型	复合模板	
备注		

图 2.227

（2）做法套用

做法套用与上面楼梯做法套用相同。

（3）直形梯段画法

直形梯段可以直线绘制也可以矩形绘制,绘制后单击"设置踏步起始边"即可。休息平台也一样,绘制方法同现浇板。绘制后如图2.228所示。

（4）可以先绘制好梯梁、梯板、休息平台、梯段等,然后"新建组合构件",软件自动反建一个楼梯构件。该构件可以直接绘制到当前工程的其他位置。

图 2.228

思考与练习

整体楼梯的工程量中是否包含 TZ?

2.10 钢筋算量软件与图形算量软件的无缝联接

通过本节的学习,你将能够:

(1)掌握将钢筋算量软件导入图形算量软件的基本方法;

(2)钢筋导入图形后需要修改哪些图元;

(3)绘制钢筋中无法处理的图元;

(4)绘制钢筋中未完成的图元。

一、任务说明

将钢筋算量软件导入图形算量软件中并完成钢筋算量模型。

二、任务分析

①图形算量与钢筋算量的接口是什么地方?

②钢筋算量与图形算量软件有什么不同?

三、任务实施

1)新建工程,导入钢筋工程

参照 2.1.1 节的方法,新建工程。

①新建完毕后,进入图形算量的起始界面,单击"文件"→"导入钢筋(GGJ2009)工程",如图 2.229 所示。

图 2.229

②弹出"打开"对话框,选择钢筋工程文件所在位置,单击"打开"按钮,如图 2.230 所示。

图 2.230

③弹出如图 2.231 所示"提示"对话框,单击"确定"按钮,弹出"层高对比"对话框,选择"按照钢筋层高导入",如图 2.232 所示。

图 2.231

图 2.232

④弹出如图 2.233 所示对话框,在楼层列表下方单击"全选",在构建列表中"轴网"后的方框中打钩选择,然后单击"确定"按钮。

图 2.233

⑤导入完成后出现如图 2.234 所示"提示"对话框,单击"确定"按钮完成导入。

图 2.234

⑥在此之后,软件会提示你是否保存工程,建议立即保存。

2）分析差异

因为钢筋算量只是计算了钢筋的工程量，所以在钢筋算量中，其他不存在钢筋的构件没有进行绘制，所以需要在图形算量中将它们补充完整。

在补充之前，需要先分析钢筋算量与图形算量的差异，其差异分为 3 类：

①在钢筋算量中绘制出来，但是要在图形算量中进行重新绘制的。

②在钢筋算量中绘制出来，但是要在图形算量中进行修改的。

③在钢筋算量中未绘制出来，需要在图形算量中进行补充绘制的。

对于第 1 种差异，需要对已导入的需要重新绘制的图元进行删除，以便以后重新绘制。例如，在钢筋算量中，楼梯的梯梁和休息平台都是带有钢筋的构件，需要在钢筋算量中定义并进行绘制，但是在图形算量中，可以用参数化楼梯进行绘制，其中已经包括梯梁和休息平台，所以在图形算量中绘制楼梯之前，需要把原有的梯梁和休息平台进行删除。

对于第 2 种差异，需要修改原有的图元的定义，或者直接新建图元然后替换进行修改。例如，在钢筋中定义的异形构造柱，由于在图形中伸入墙体的部分是要套用墙的定额，那么在图形算量时需要把异形柱修改定义变为矩形柱，而原本伸入墙体的部分要变为墙体；或者可以直接新建矩形柱，然后进行批量修改图元。方法因人而异，可以自己选择。

对于第 3 种差异，需要在图形算量中定义并绘制出来。例如，建筑面积、平整场地、散水、台阶、基础垫层、装饰装修等。

3）做法的分类套用方法

在前面的内容中已经介绍过做法的套用方法，下面给大家作更深一步的讲解。

"做法刷"的功能其实就是为了减少工作量，把套用好的做法快速地复制到其他同样需要套用此种做法的快捷方式，但是怎样做到更快捷呢？下面以矩形柱为例进行介绍。

首先，选择一个套用好的清单和定额子目，单击"做法刷"，如图 2.235 所示。

	编码	类别	项目名称	项目特征	单位	工程量表达式	表达式说明
1	— 010502001	项	矩形柱	1. 混凝土种类：泵送砼 2. 混凝土强度等级：C30	m3	TJ	TJ〈体积〉
2	—— A5-109	定	商品砼构件 地面以上输送高度30m以内 墙柱		m3	TJ	TJ〈体积〉
3	— 011702002	项	矩形柱模板	1. 竹胶合板模板 钢支撑	m2	MBMJ	MBMJ〈模板面积〉
4	—— A13-20	定	现浇砼模板 矩形柱 竹胶合板模板 钢支撑		m2	MBMJ	MBMJ〈模板面积〉
5	—— A13-22	定	现浇砼模板 柱支撑高度超过3.6m 增加3m以内 钢支撑		m2	CGMBMJ	CGMBMJ〈超高模板面积〉

图 2.235

在"做法刷"界面中有"覆盖"和"追加"两个选项，如图 2.236 所示。"追加"就是在其他构件中已经套用好的做法的基础上，再添加一条做法；而"覆盖"就是把其他构件中已经套用好的做法覆盖掉。选择好之后，单击"过滤"，出现如图 2.237 所示下拉菜单。

图 2.236

图 2.237

在"过滤"的下拉菜单中有很多种选项,现以"同类型内按属性过滤"为例,介绍"过滤"的功能。

首先选择"同类型内按属性过滤",出现如图2.238所示对话框。可以在前面的方框中勾选需要的属性,以"截面周长"属性为例进行介绍。勾选"截面周长"前面的方框,在"属性内容"栏中输入需要的数值(格式需要和默认的一致),然后单击"确定"按钮。此时在对话框左面的楼层信息菜单中显示的构件均为已经过滤并符合条件的构件(见图2.239),这样便于我们选择并且不会出现错误。

图2.238

图2.239

2.11　结课考试——认证平台

2.11.1　软件应用能力测评

1)测评定义

广联达软件应用能力测评(以下简称"广联达测评")是一套专门为学习和应用广联达软件的广大师生开发的考试工具。它基于建设行业电算化的应用要求,结合软件教学的重点、难点,依托广联达智能考试系统,实现全面、准确、真实的考核。

主要有两个目的:一是提供试题资源共享渠道,减少教师出题难度,减轻传统阅卷时的工作量,通过实践检测自身的教学水平,以便对软件课的教学作出相应改进;二是通过实践中的考试,让学生更清晰地了解自身的软件实际应用水平,以便更好地提升软件学习和应用能力。

2）测评实现方式

广联达测评,通过教师在考试系统中建立考试,在线组卷,组织考试,最后查询成绩等操作来实现。

广联达测评考试具体依托广联达智能考试系统(GIAC-ITS)实现,如图2.240所示。它是由广联达软件股份有限公司为建筑相关专业考核过程专门开发的网络考试系统。通过网络考试系统,替代传统结课考试形式,实现在线考试、自动阅卷、成绩分析全程自动化考试服务。

图2.240

系统具有共享题库,也可自主出题。题库中不仅有单选、多选、填空、判断等各种常见题型,更有首创的软件实操题,实现试题多样化、阅卷自动化。考试防作弊及试卷随机分发,更加公平、公正、公开。独有的多维度成绩分析和作答进度记录,可供教师作为参考,明确教学重难点和改革方向,同时也促进学习动力。

(1)考试题型

①填空、选择、判断、主观题等。

②实操题考试:广联达土建算量、广联达钢筋算量、广联达安装算量。

(2)考试模式

①考试前会向考生提供相关的学习考试资料,提前学习系统的使用和熟悉考试模式,系统中还有模拟考试,可随时进行模拟训练。

②统一通过网络访问"广联达考试系统"进行考试。

2.11.2 图形算量软件考试

使用考试系统进行软件实操题考试,首先需要安装考试系统。考试系统连通网络和算量软件,一键即可安装,可对学生进行考核:广联达钢筋算量GGJ2013、广联达图形算量GCL2013、广联达安装算量GQI2013,以及各种客观题(如单选、多选、填空等)。下面以广联达图形算量GGJ2013版软件的考核为例进行说明。

(1)考试

安装了考试系统后,在桌面或者以其他快捷方式启动软件,如图2.241所示。

如果登录了"广联达考试系统",通过网络系统中的按钮启动广联达软件,软件标题增加"考试版"字样,菜单栏增加"考试提交"功能,如图2.242所示。

| 图 2.241 | 图 2.242 |

　　与平时的作答过程一样,新建工程后保存,作答完成后汇总计算(见图 2.243),然后单击"考试提交",关闭软件,最后回到考试系统的网页界面交卷即可。

图 2.243

(2)查成绩

考试结束后,教师可以方便地在考试系统中查阅每位考生的成绩,如图 2.244 所示。

考生姓名	性别	考场	座位	成绩	通过
谭茜茜	女	2-303	4	82.3	通过
梁桂珍	女	2-303	30	76.25	通过
苏千红	女	2-303	1	74.86	通过
叶溯	男	2-303	42	70.42	通过
丁素梅	女	2-303	12	69.83	通过
宋毅	男	2-303	36	67.16	通过
彭丽莹	女	2-303	11	65.73	通过
帅翠合	女	2-303	33	64.65	通过
莫小旋	女	2-303	22	64.51	通过
覃婉婷	女	2-303	23	63.94	通过

图 2.244

（3）成绩分析

考试结束后，教师可以通过成绩分析查看考生的作答情况。具体类型可以针对单个考生、某班级整体情况或考试中心整体情况。

通过查看成绩分析的结果，教师可以轻松地了解学生对软件技能的掌握程度，从而把握教学重点、难点，以便有针对性地进行教学，提高教学水平。

2.11.3 广联达工程造价电算化应用技能认证

广联达工程造价电算化应用技能认证（见图 2.245），英文全称为 Glodon Informatization Application Skills Certification for Construction Industry，简称 GIAC（下文简称"广联达认证"），上线于 2012 年 11 月，工程建设类院校在校学生通过培训学习后，可以到指定的授权考试中心参加统一的网络考试。考试通过者可获得相关行业主管部门及广联达软件股份有限公司共同颁发的"建设行业信息化应用技能认证证书"，并且进入广联达人才信息库，有优先被广联达录取同时进行企业推荐就业的机会。

图 2.245   图 2.246

（1）广联达认证的特点

①认证标准的专业性。广联达认证的等级标准得到建设行业的企业和用人单位的广泛认可，值得信赖。

②认证形式的公正性。广联达认证依托先进的在线考试平台和专业的考试方法，无论客观题还是实操题，随机发卷和批量评分都保证了认证考试的便捷与公正。

③认证结果的权威性。每一次认证考试的答卷都由广联达专业的评分软件进行评分，每一次考试成绩都作为该试题分析的数据源，以便试题的改进和完善。

④人才服务的优质性。广联达和多家名企建立了长期良好的合作关系，并搭建了广联达企业人才库，为企业和求职者提供了很好的交流和展示平台。

（2）广联达认证的整体价值

①帮助学生提升应用技能水平，提高就业竞争力，缩短在企业成长与发展的周期。

②提高院校实践教学水平，提升院校品牌建设。

③为企业提供技能水平评测的标准和方法，有效地减少企业招聘及后期人才培养的成本。

④丰富应聘学生的就业渠道，搭建建设行业人才交流的平台。

（3）广联达认证的加盟

如果你的学校想成为有资格举办广联达认证考试的认证中心，必须先成功开展数次测评考试，保证测评考试的成功率和一定的通过率。也就是说，不管是硬环境（如机房网络条件）还是软环境（相关负责教师和学生的积极性）都达到了一定水平，那么才有资格参与广联达认证产品相关负责人的评定，通过评定考核后才可以获得授权认证考试中心资格。

届时双方将签署友好合作协议书，由广联达软件股份有限公司授牌"××学校工程造价电算化应用技能认证 GICA 授权考试中心"，如图 2.247 所示。这表示你的学校有权举办广联达认证考试，负责认证考试过程中报名、缴费、组织、实施等，在你的学校通过广联达认证考试的学生也将获得由中国建设教育协会和广联达软件股份有限公司共同颁发的"建设行业信息化应用技能认证证书"。该证书印有考生姓名、照片、身份证号和广联达统一编制的证书编号，具有较高的防伪设计，并且在"广联达考试＆认证网"上可以通过身份证号和证书编号查询真伪。证书模板如图 2.248 所示。

图 2.247

图 2.248

更多、更全的考试资讯,可以登录"广联达考试 & 认证网",网站部分页面展示如图 2.249 至图 2.251 所示。

图 2.249

	序号	姓名	认证中心	级别	成绩
钢筋	1	黄	职业技术学院	高级电算员	86
	2	梁	建设职业技术学院	高级电算员	86
	3	何	技术学院	高级电算员	85
	4	伍	职业技术学院	高级电算员	84
	5	陶	技术学院	高级电算员	82
	6	谭	职业技术学院	高级电算员	82
土建	7	韦	职业技术学院	高级电算员	80
	8	彭	技术学院	高级电算员	80
	9	杜	大学	高级电算员	79

图 2.250

首页　　新闻资讯　　学习讲堂　　考试流程

★ 您的位置：首页>招聘信息

招聘信息

序号	公司	职位	工作地点
1	有限公司	课程开发工程...	北京
2	有限公司	BIM高级咨询...	北京市
3	有限公司	产品经理	北京市
4	公司	运作支持641	北京市
5	公司	营销调研专员	待议

图 2.251

下 篇　建筑工程计价

本篇内容简介

招标控制价编制要求

新建招标项目结构

导入图形算量工程文件

计价中的换算

其他项目清单

编制措施项目

调整人材机

计取规费和税金

统一调整人材机及输出格式

生成电子招标文件

报表实例

本篇教学目标

具体参看每节教学目标

第3章 招标控制价编制要求

通过本章学习,你将能够:

(1)了解工程概况及招标范围;

(2)了解招标控制价编制依据;

(3)了解造价编制要求;

(4)掌握工程量清单样表。

1)工程概况及招标范围

①工程概况:第一标段为广联达办公大厦1#,总面积为4560m²,地下一层面积为967m²,地上四层建筑面积为3593m²;第二标段为广联达办公大厦2#,总面积为4560m²,地下一层面积为967m²,地上四层建筑面积为3593m²。本项目现场面积为3000m²。本工程采用履带式挖掘机1m³以上。

②工程地点:长沙市区。

③招标范围:第一标段及第二标段建筑施工图内除卫生间内装饰外的全部内容。

④本工程计划工期为180天,经计算定额工期210天,合同约定开工日期为2014年3月1日。(本教材以第一标段为例讲解)

2)招标控制价编制依据

编制依据:该工程的招标控制价依据《建设工程工程量清单计价规范》(GB 50500—2013)、《湖南省建筑工程消耗量标准》(2014)、《湖南省建筑装饰装修工程消耗量标准》(2014)、《湖南省建设工程计价办法》及配套解释、相关规定,结合工程设计及相关资料、施工现场情况、工程特点及合理的施工方法,以及建设工程项目的相关标准、规范、技术资料编制。

3)造价编制要求

(1)价格约定

①除暂估材料及甲供材料外,材料价格按"长沙市2015年工程造价信息第二期"及市场价计取。

②综合人工(建筑)按82元/工日计,综合人工(装饰)按98元/工日计。

③税金按3.477%计取。

④安全文明施工费、规费足额计取。

⑤暂列金额为80万元。

⑥幕墙工程(含预埋件)为暂估专业工程60万元。

(2)其他要求

①不考虑土方外运,不考虑买土。

②全部采用商品混凝土,运距10km。

③不考虑总承包服务费及施工配合费。

4）甲供材料一览表（见表 3.1）

表 3.1 甲供材料一览表

序号	名称	规格型号	单位	单价（元）
1	C15 商品混凝土	最大粒径 40mm	m^3	290
2	C25 商品混凝土	最大粒径 40mm	m^3	310
3	C30 商品混凝土	最大粒径 40mm	m^3	320
4	C35 商品混凝土	最大粒径 40mm	m^3	335
5	C30 商品混凝土,P8 抗渗	最大粒径 40mm	m^3	340
6	C35 商品混凝土,P8 抗渗	最大粒径 40mm	m^3	355

5）材料暂估单价表（见表 3.2）

表 3.2 材料暂估单价表

序号	名称	规格型号	单位	单价（元）
1	陶瓷地面砖	$300 \times 300mm$	m^2	55
2	陶瓷地面砖	$600 \times 600mm$	m^2	65
3	陶瓷地面砖	$600 \times 600mm$	m^2	84
4	陶瓷地砖踢脚	高度 100mm	m^2	35
5	大理石板	综合	m^2	220
6	大理石踢脚	高度 100mm	m^2	180
7	全瓷墙面砖	$300 \times 300mm$	m^2	60
8	钢质防火门		m^2	686
9	塑钢中空玻璃窗（成品不含玻璃）		m^2	260

6）计日工表（见表 3.3）

表 3.3 计日工表

序号	名称	工程量	单位	单价（元）	备注
1	人工				
	木工	10	工日	95	
	瓦工	10	工日	95	
	钢筋工	10	工日	95	
2	材料				

续表

序号	名称	工程量	单位	单价(元)	备注
	砂子(中粗)	5	m³	67	
	水泥	5	m³	460	
3	施工机械				
	载重汽车	1	台班	800	

7)评分办法(见表3.4)

表3.4　评分办法

序号	评标内容	分值范围	说明
1	工程造价	70	不可竞争费单列(样表参考见《报价单》)
2	工程工期	5	按招标文件要求工期进行评定
3	工程质量	5	按招标文件要求质量进行评定
4	施工组织设计	20	按招标工程的施工要求、性质等进行评审

8)报价单(见表3.5)

表3.5　报价单

工程名称:	第_____标段_____(项目名称)	
工程控制价(万元)		
其中	安全文明施工措施费(万元)	
	税金(万元)	
	规费(万元)	
除不可竞争费外工程造价(万元)		
措施项目费用合计(不含安全文明施工措施费)(万元)		

9)工程量清单样表

工程量清单样表参见《建设工程工程量清单计价规范》(GB 50500—2013)

①封面:封-2。

②总说明:表-01。

③单项工程招标控制价汇总表:表-03。

④单位工程招标控制价汇总表:表-04。

⑤分部分项工程和单价措施项目清单与计价表:表-08。

⑥综合单价分析表:表-09。

⑦总价措施项目清单与计价表:表-11。

⑧其他项目清单与计价汇总表:表-12。

⑨暂列金额明细表:表-12-1。

⑩材料(工程设备)暂估单价及调整表:表-12-2。

⑪专业工程暂估价及结算价表:表-12-3。

⑫计日工表:表-12-4。

⑬总承包服务费计价表:表-12-5。

⑭规费、税金项目计价表:表-13。

⑮主要材料价格表。

第4章　编制招标控制价

通过本章学习,你将能够:

(1)了解算量软件导入计价软件的基本流程;

(2)掌握计价软件的常用功能;

(3)运用计价软件完成预算工作。

4.1　新建招标项目结构

通过本节的学习,你将能够:

(1)建立建设项目;

(2)建立单项工程;

(3)建立单位工程;

(4)按标段多级管理工程项目;

(5)修改工程属性。

一、任务说明

在计价软件中完成招标项目的建立。

二、任务分析

(1)招标项目的单项工程和单位工程分别是什么?

(2)单位工程的造价构成是什么? 各构成所含内容分别又是什么?

三、任务实施

①新建项目。单击"新建项目",如图4.1所示。

图4.1

②进入新建标段工程,如图 4.2 所示。

图 4.2

本项目的计价方式:清单计价。

项目名称:广联达办公大厦项目。

项目编号:20140101。

③新建单项工程。在"广联达办公大厦项目"单击鼠标右键,选择"新建单项工程",如图 4.3 所示。

注:在建设项目下,可以新建单项工程;在单项工程下,可以新建单位工程。

④新建单位工程。在"广联达办公大厦 1#楼"单击鼠标右键,选择"新建单位工程",如图 4.4 所示。

图 4.3

图 4.4

四、任务结果

结果参考如图 4.5 所示。

五、总结拓展

（1）标段结构保护

项目结构建立完成之后，为防止失误操作更改项目结构内容，可右键单击项目名称，选择"标段结构保护"对项目结构进行保护，如图4.6所示。

图4.5

图4.6

（2）编辑

①在项目结构中进入单位工程进行编辑时，可直接双击项目结构中的单位工程名称或者选中需要编辑的单位工程，单击右键选择"编辑"即可。

②也可以直接用鼠标左键双击"广联达办公大厦1#楼"及单位工程进入。

4.2 导入图形算量工程文件

通过本节的学习，你将能够：

（1）导入图形算量文件；

（2）整理清单项；

（3）项目特征描述；

（4）增加、补充清单项。

一、任务说明

①导入图形算量工程文件。

②添加钢筋工程清单和定额,以及相应的钢筋工程量。

③补充其他清单项和定额。

二、任务分析

①图形算量与计价软件的接口在哪里?

②分部分项工程中如何增加钢筋工程量?

三、任务实施

(1)导入图形算量文件

①进入单位工程界面,单击"导入导出",选择"导入广联达土建算量工程文件",如图4.7所示,选择相应图形算量文件。

图4.7

②弹出如图4.8所示"导入广联达土建算量工程文件"对话框,选择算量文件所在位置,然后再检查列是否对应,无误后单击"导入"按钮即可完成图形算量文件的导入。

图4.8

(2)整理清单项

在分部分项界面进行分部分项整理清单项。

①单击"整理清单"→"分部整理",如图4.9所示。

图 4.9

②弹出如图 4.10 所示"分部整理"对话框,选择按专业、章、节整理后,单击"确定"按钮。

图 4.10

③清单项整理完成后,如图 4.11 所示。

图 4.11

之后将导入的装饰工程部分删除。

用同样的方法将广联达办公大厦1#楼装饰工程也导入图形算量文件,之后将土建部分删除。

(3)项目特征描述

项目特征描述主要有下述3种方法:

①图形算量中已包含项目特征描述的,可以在"特征及内容"界面下选择"应用规则到全部清单项",如图4.12所示。

图 4.12

②选择清单项,在"特征及内容"界面可以进行添加或修改来完善项目特征,如图4.13所示。

	特征	特征值	输
1	土壤类别	二类	☑
2	弃土运距		☐
3	取土运距		☐

🔲← 插入 ⋺← 添加 ✕ 删除 ⬆ 上移 ⬇ 下移 🔲

图 4.13

③直接单击清单项中的"项目特征"对话框,进行修改或添加,如图4.14所示。

	编码	类别	项目名称	项目特征	单位	工程量表达式	表达式说明
1	⊟ 010101002	项	挖一般土方	1. 土壤类别:坚土 2. 挖土深度:4450mm	m3	TFTJ	TFTJ<土方体积>
2	A1-33	定	液压挖掘机挖土 坚土		m3	TFTJ*0.9	TFTJ<土方体积>*0.9
3	A1-2	定	人工挖土方 深度2m以内 坚土		m3	TFTJ*0.1	TFTJ<土方体积>*0.1
4	⊟ 010103001	项	回填方	1. 填方材料品种:素土	m3	STHTTJ	STHTTJ<素土回填体积>
5	A1-11	定	回填土 夯填		m3	STHTTJ	STHTTJ<素土回填体积>

图 4.14

（4）补充清单项

完善分部分项清单，将项目特征补充完整，方法如下：

方法一：单击"添加"，选择"添加清单项"和"添加子目"，如图4.15所示。

图4.15

方法二：单击右键选择"插入清单项"和"插入子目"，如图4.16所示。

图4.16

该工程需补充的清单子目如下（仅供参考）：

①增加钢筋清单项，如图4.17所示。

②补充雨水配件等清单项，如图4.18所示。

编码	类别	名称	项目特征	单位	工程量表达式	工程量
A.5.15	部	钢筋工程				
010515001001	项	现浇构件钢筋	1. 钢筋种类、规格:圆钢筋 直径6.5mm	t	6.856	6.856
A5-2	定	圆钢筋 直径6.5mm		t	QDL	6.856
010515001002	项	现浇构件钢筋	1. 钢筋种类、规格:圆钢筋 直径8mm	t	26.265	26.265
A5-3	定	圆钢筋 直径8mm		t	QDL	26.265
010515001003	项	现浇构件钢筋	1. 钢筋种类、规格:圆钢筋 直径10mm	t	56.832	56.832
A5-4	定	圆钢筋 直径10mm		t	QDL	56.832
010515001004	项	现浇构件钢筋	1. 钢筋种类、规格:带肋钢筋 直径12mm	t	81.767	81.767
A5-17	定	带肋钢筋 直径12mm		t	QDL	81.767
010515001005	项	现浇构件钢筋	1. 钢筋种类、规格:带肋钢筋 直径14mm	t	17.825	17.825
A5-18	定	带肋钢筋 直径14mm		t	QDL	17.825
010515001006	项	现浇构件钢筋	1. 钢筋种类、规格:带肋钢筋 直径16mm	t	8.887	8.887
A5-19	定	带肋钢筋 直径16mm		t	QDL	8.887
010515001007	项	现浇构件钢筋	1. 钢筋种类、规格:带肋钢筋 直径18mm	t	6.471	6.471
A5-20	定	带肋钢筋 直径18mm		t	QDL	6.471
010515001008	项	现浇构件钢筋	1. 钢筋种类、规格:带肋钢筋 直径20mm	t	48.968	48.968
A5-21	定	带肋钢筋 直径20mm		t	QDL	48.968
010515001009	项	现浇构件钢筋	1. 钢筋种类、规格:带肋钢筋 直径22mm	t	20.143	20.143
A5-22	定	带肋钢筋 直径22mm		t	QDL	20.143
010515001010	项	现浇构件钢筋	1. 钢筋种类、规格:带肋钢筋 直径25mm	t	91.979	91.979
A5-23	定	带肋钢筋 直径25mm		t	QDL	91.979
010515001011	项	现浇构件钢筋	1. 钢筋种类、规格:带肋钢筋 直径28mm	t	21.108	21.108
A5-24	定	带肋钢筋 直径28mm		t	QDL	21.108

图 4.17

010902004001	项	屋面排水管	1. 排水管品种、规格:PVC、Φ110	m	130.7	130.7
A8-75	定	屋面排水 PVC塑料 排水管 管径Φ110mm		10m	QDL	13.07
A8-79	定	屋面排水 PVC排水部件 水斗(带罩) 直径Φ110mm		10个	8	0.8

图 4.18

③补充二层栏杆以及相应的装修清单项,如图 4.19 所示。

011503001002	项	金属扶手、栏杆、栏板	1. 二楼大厅处 2. 扶手材料种类、规格:不锈钢管 3. 栏杆材料种类、规格:不锈钢管	m	19.3	19.3
B1-152	借	不锈钢管栏杆 直线型 其他		100m	QDL	0.193
B1-180	借	不锈钢扶手 直形 Φ60		100m	QDL	0.193
011108001001	项	石材零星项目	1. 工程部位:二楼大厅处 2. 找平层厚度:C20细砼100mm厚 3. 面层材料种类、规格、颜色:花岗岩	m2	5.79	5.79
B1-47	借	石材块料面层 零星项目 花岗岩 水泥砂浆		100m2	QDL	0.0579
A2-14	定	垫层 混凝土		10m3	5.79*0.1	0.0579

图 4.19

④补充油漆清单项,如图 4.20 所示。

011401001001	项	木门油漆	1. 门类型:木门 2. 油漆品种、刷漆遍数:二遍	m2	75.6+58.95	134.55
B5-1	借	底油一遍、刮腻子、调和漆二遍 单层木门		100m2	QDL	1.3455

图 4.20

四、检查与整理

（1）整体检查

①对分部分项的清单与定额的套用做法进行检查，看是否有误。

②查看整个的分部分项中是否有空格，如有要进行删除。

③按清单项目特征描述校核套用定额的一致性，并进行修改。

④查看清单工程量与定额工程量的数据的差别是否正确。

（2）整体进行分部整理

对于分部整理完成后出现的"补充分部"清单项，可以调整专业章节位置至应该归类的分部。操作如下：

①右键单击清单项编辑界面，在"页面显示列设置"对话框下选择"指定专业章节位置"，如图4.21所示。

图 4.21

②单击清单项的"指定专业章节位置"，弹出"指定专业章节"对话框，选择相应的分部，调整完后再进行分部整理。

五、单价构成

在对清单项进行相应的补充、调整之后，需要对清单的单价构成进行费率调整。具体操作如下：

①在工具栏中单击"单价构成"，如图4.22所示。

②根据专业选择对应取费文件下的对应费率，如图4.23所示。

图 4.22

图 4.23

六、任务结果

详见报表实例。

4.3 计价中的换算

通过本节的学习,你将能够:

(1)了解清单与定额的套定一致性;

(2)调整人材机系数;

(3)换算混凝土、砂浆等级标号;

（4）补充或修改材料名称。

一、任务说明

根据招标文件所述换算内容，完成对应换算。

二、任务分析

①图形算量与计价软件的接口在哪里？

②分部分项工程中如何换算混凝土、砂浆？

③清单描述与定额子目材料名称不同时如何进行修改？

三、任务实施

（1）替换子目

根据清单项目特征描述校核套用定额的一致性，如果套用子目不合适，可单击"查询"，选择相应子目进行"替换"，如图4.24所示。

| 清单指引 | 清单 | 定额 | 人材机 | 补充人材机 | 我的云数据 |

湖南省建筑工程消耗量标准（2014）▼

章节查询 条件查询

▲ 建筑工程
　▷ 第一章土石方工程
　▷ 第二章地基处理和基坑支护工程
　▷ 第三章桩基工程
　▷ 第四章砖石工程
　▲ 第五章混凝土及钢筋混凝土工程
　　▷ 第一节钢筋工程
　　▷ 第二节现拌砼构件
　　　第三节商品砼构件
　　　第四节预制混凝土构件制作
　　　第五节预制混凝土构件运输
　　　第六节预制混凝土构件安装
　　　第七节预制混凝土构件灌缝
　▷ 第六章钢结构工程

	编码	名称	单位	单价
1	A5-105	商品砼构件 地下室 基础	100m3	51838.51
2	A5-106	商品砼构件 地下室 梁板	100m3	54764.59
3	A5-107	商品砼构件 地下室 墙柱	100m3	57866.93
4	A5-108	商品砼构件 地面以上输送高度30m以内 梁板	100m3	52781.38
5	A5-109	商品砼构件 地面以上输送高度30m以内 墙柱	100m3	55182.08

图4.24

（2）子目换算

按清单描述进行子目换算时，主要包括3个方面的换算。

①调整人材机系数。以砌块墙为例，介绍调整人材机系数的操作方法。定额中说明"加气混凝土砌块 框架结构间、预制柱间砌砖墙、混凝土小型空心砌块墙"，按相应项目人工乘以系数1.10，其他不变，如图4.25所示。

②换算混凝土、砂浆等级标号时，方法如下：

a.标准换算。选择需要换算混凝土标号的定额子目，在标准换算界面下选择相应的混凝土标号，本项目选用的全部为商品混凝土，如图4.26所示。

b.批量系数换算。当清单中的材料进行换算的系数相同时，可选中所有换算内容相同的清单项，单击常用功能中的"批量系数换算"对材料进行换算，如图4.27所示。

图 4.25

图 4.26

图 4.27

③修改材料名称。当项目特征中要求材料与子目相对应人材机材料不相符时,需要对材料名称进行修改。下面以钢筋工程按直径划分列为例,介绍人材机中材料名称的修改。

选择需要修改的定额子目,在"工料机显示"操作界面下,在"规格及型号"一栏备注上直径,如图4.28所示。

| 2 | ─ 010504001002 | 项 | 直形墙 | | | 1.:地下室
2.混凝土种类:泵送砼
3.混凝土强度等级:C3
0
4.抗渗等级:P8 | m3 | 182.4834 | | 182.48 |
| | └ A5-107 | 换 | 商品砼构件 地下室 墙柱 换为
【商品抗渗砼等级P8~12 砾40
C30 水泥52.5】 | | | | 100m
3 | 182.4834 | 1.8248
3 | 47615.01 |

	编码	类别	名称	规格及型号	单位	换耗	含量	数量	定额价	市场价
1	00001	人	综合人工（建筑）		工日		66.25	120.8	70	**82**
2	YBP7-143	商砼	商品抗渗砼	等级P8~12 砾40 C30 水泥52.5	m3		98.4	179.5	354.23	**340**
3	⊞ P10-3	浆	水泥砂浆1:2		m3		3.1	5.657	374.4	**364.08**
4	410649	材	水		m3		90	164.2	4.38	**4.38**
8	⊞ J6-39	机	混凝土泵车	120/170m3/h	台班		1.25	2.281	6024.19	**5713.9**
15	⊞ J6-55	机	混凝土振动器	插入式	台班		5	9.124	12.23	**12.24**

图4.28

四、任务结果

详见报表实例。

五、总结拓展

锁定清单

在所有清单补充完整之后,可运用"锁定清单"对所有清单项进行锁定,锁定之后的清单项将不能再进行添加和删除等操作。若要进行修改,需先对清单项进行解锁,如图4.29所示。

图4.29

4.4 其他项目清单

通过本节的学习,你将能够:

(1)编制暂列金额;
(2)编制专业工程暂估价;
(3)编制工日表。

一、任务说明

①根据招标文件所述编制其他项目清单;

②按本工程控制价编制要求,本工程暂列金额为80万元(列入建筑工程专业);

③本工程幕墙为专业暂估工程,暂列金额为60万元(列入装饰工程专业)。

二、任务分析

(1)其他项目清单中哪几项内容不能变动?

(2)暂估材料价如何调整?计日工是不是综合单价?应如何计算?

三、任务实施

(1)添加暂列金额

单击"其他项目"→"暂列金额",按招标文件要求暂列金额为800000元,在名称中输入"暂估工程价",在金额中输入"800000",如图4.30所示。

		序号	名称	计量单位	暂定金额
1	1		暂估工程价	元	800000

图4.30

(2)添加专业工程暂估价

单击"其他项目"→"专业工程暂估价",按招标文件内容,玻璃幕墙(含预埋件)为暂估工程价,在工程名称中输入"玻璃幕墙工程",在金额中输入"600000",如图4.31所示。

		序号	工程名称	工程内容		金额
1	1		幕墙工程	玻璃幕墙工程(含预埋件)	…	600000

图4.31

(3)添加计日工

单击"其他项目"→"计日工",按招标文件要求,本项目有计日工费用,需要添加计日工,人工为95元/日,如图4.32所示。

	序号	名称	单位	数量	单价
1	—	计日工			
2	一	劳务(人工)			
3	1	木工	工日	10	95
4	2	瓦工	工日	10	95
5	3	钢筋工	工日	10	95

图4.32

添加材料时,如需增加费用行,可右键单击操作界面,选择"插入费用行"进行添加,如图4.33所示。

图 4.33

四、任务结果

详见报表实例。

五、总结拓展

总承包服务费

在工程建设施工阶段实行施工总承包时,当招标人在法律、法规允许的范围内对工程进行分包和自行采购供应部分设备、材料时,要求总承包人提供相关服务(如分包人使用总包人脚手架、水电接剥等)和施工现场管理等所需的费用。

4.5 编制措施项目

通过本节的学习,你将能够:

(1)编制安全文明施工措施费;

(2)编制脚手架、模板、大型机械等技术措施项目。

一、任务说明

根据招标文件所述编制措施项目:

①参照定额及造价文件计取安全文明施工措施费;

②编制垂直运输、脚手架、大型机械进出场费用;

③提取分部分项模板子目,完成模板费用的编制。

二、任务分析

①措施项目中按项计算与按量计算有什么不同？分别如何调整？
②安全文明施工措施费与其他措施费有什么不同？

三、任务实施

①本工程安全文明施工措施费足额计取，在对应的计算基数和费率一栏中填写即可。

②依据定额计算规则，选择对应的二次搬运费费率和夜间施工增加费费率。本项目不考虑二次搬运、夜间施工及冬雨季施工。

③提取模板子目，正确选择对应模板子目以及需要计算超高的子目。在措施项目界面"其他"下拉菜单中选择"提取模板子目"，如果是从图形软件导入结果，就可以省略上面的操作，如图 4.34 所示。

| 插入 · 添加 · 补充 · 查询 · 存档 · 批量换算 模板 · 展开到 · 其他 · 重用组价 · 锁定清单 · 提取图形工程量 |

提取模板项目

提取位置：模板子目分别放在措施页面对应清单项下

	混凝土子目					模板子目					
	编码	名称	单位	工程量	项目特征	编码	模板类别	系数	单位	工程量	具体位置
1	010501004001	满堂基础	m3	497.7700	1.:筏板基础 2.:混凝土强度等级:C30,p8抗渗						
2	A5-79	现拌砼 满堂基础 换为【商品抗渗砼等级P8*12 砾40 C30 水泥52.5】	m3	497.7700		A13-8	现浇砼模板 有梁式满堂基础 竹胶合板模板 钢支撑	1.41	m2	701.8557	011702001 基础
3	010501004002	满堂基础	m3	51.1786	1.:集水坑 2.:混凝土强度等级:C30, p8抗渗						
4	A5-79	现拌砼 满堂基础 换为【商品渗砼等级P8*12 砾40 C30 水泥52.5】	m3	51.1790		A13-8	现浇砼模板 有梁式满堂基础 竹胶合板模板 钢支撑	1.41	m2	72.1624	011702001 基础
5	010502001001	矩形柱	m3	65.5740	1.混凝土种类:泵送砼 2.混凝土强度等级:C30						
6	A5-109	商品砼构件 地面以上输送高度30m以内 墙柱	m3	65.5740		A13-20	现浇砼模板 矩形柱 周长2.4m以内 竹胶合板模板 钢支撑	6.8	m2	445.9032	011702002 矩形柱
7						A13-22	现浇砼模板 柱支撑高度超过3.6m 增加3m以内 钢支撑	0	m2	0	011702002 矩形柱

图 4.34

④完成垂直运输和脚手架的编制，如图 4.35 所示。

011701001001		综合脚手架		m2		3668.8	可计量清
A12-11	定	综合脚手架 框架、剪力墙结构多高层建筑 檐口高24m以内	100m2		36.688		

图 4.35

四、任务结果

详见报表实例。

4.6　调整人材机

通过本节的学习,你将能够:

(1)调整定额工日;

(2)调整材料价格;

(3)增加甲供材料;

(4)添加暂估材料。

一、任务说明

根据招标文件所述导入信息价,按招标要求修正人材机价格:

①按照招标文件规定,计取相应的人工费;

②材料价格按"长沙市2015年工程造价信息第二期"及市场价调整;

③根据招标文件,编制甲供材料及暂估材料。

二、任务分析

①有效信息价是如何导入的? 哪些类型的价格需要进行调整?

②甲供材料价格如何调整?

③暂估材料价格如何调整?

三、任务实施

①在"人材机汇总"界面下,参照招标文件要求的"长沙市2015年工程造价信息第二期"对材料"市场价"进行调整,如图4.36所示。

编码	类别	名称	规格型号	单位	数量	预算价	出	采	市场价	价差	市场价合	价差合计	供货方式
00001	人	综合人工(建筑)		工日	14899.6258	70			82	12	1221769.3	178795.5	自行采购
00001@1	人	综合人工(装饰)		工日	586.4886	70			98	28	57475.883	16421.68	自行采购
010368	材	镀锌铁皮	0.552mm厚(26#	m2	81.2902	26.8			26.8	0	2178.577	0	自行采购
010391	材	镀锌铁丝	8#	kg	1536.449	5.75			6	0.25	9218.694	384.112	自行采购
010588	材	钢丝网	0.8mm	m2	241.5	7.5			6	-1.5	1449	-362.25	自行采购
010947	材	膨胀螺栓	M8*65	套	4868.0422	0.45			0.3	-0.15	1460.413	-730.206	自行采购
011009	材	其他铁件		kg	2331.9181	7.48			6.221	-1.25	14506.863	-2935.88	自行采购
011209	材	圆钢	Φ6	kg	143.6754	4.2			2.672	-1.52	383.901	-219.536	自行采购
011230	材	铸铁箅子板	35mm	个	3.5148	118.2			118.2	0	415.449	0	自行采购
011265	材	板条	1000*30*8mm	百根	4.6053	31.68			31.68	0	145.896	0	自行采购
011293	材	胶合板	3mm	m2	274.6926	18.05			18.05	0	4958.201	0	自行采购
011322	材	电焊条		kg	2865.3129	7			5.95	-1.05	17048.612	-3008.57	自行采购
011324	材	焊锡		kg	0.59	42			42	0	24.78	0	自行采购
011412	材	HPB300直径6.5mm		kg	6993.12	4.2			2.672	-1.52	18685.617	-10685.4	自行采购
011413	材	HPB300直径8mm		kg	26790.3	4.2			2.683	-1.51	71878.375	-40640.8	自行采购
011414	材	HPB300直径10mm		kg	57968.64	4.55			2.683	-1.86	155529.86	-108227.	自行采购

图4.36

②按照招标文件的要求,对于甲供材料可以在供货方式处选择"完全甲供",如图4.37所示。

③按照招标文件要求,对于暂估材料表中要求的暂估材料,可以在"人材机汇总"中将暂估材料选中,如图4.38所示。

	编码	类别	名称	规格型号	单位	数量	预算价	出	采	市场价	价差	市场价合	价差合计	供货方
1	040262	商砼	普通商品砼	C25(砾石)	m3	666.1166	418	0		310	-108	206496.14	-71940.5	完全甲供
2	040263	商砼	普通商品砼	C30(砾石)	m3	794.4476	430	0		320	-110	254223.23	-87389.2	自行采购
3	040264	商砼	普通商品砼	C35(砾石)	m3	72.8681	448	0		335	-113	24410.814	-8234.09	完全甲供
4	YBP7-143	商砼	商品抗渗砼	等级P8~12 砾40 C30	m3	749.5022	354.23	340	0	340	-14.2	254830.74	-10665.4	部分甲供
5	YBP7-145	商砼	商品抗渗砼	等级P8~12 砾40 C35	m3	13.0428	362.26	355	0	355	-7.26	4630.194	-94.691	甲定乙供

图 4.37

	编码	类别	名称	规格型号	单位	供货方式	甲供数量	市场价锁	输出标记	三	三材	产地	是否暂估
114	090018	材	钢质防火门	(成品)	m2	自行采购	0	☑	☑		0		☑
115	090048	材	塑钢中空玻璃		m2	自行采购	0	☑	☑		0		☑

图 4.38

四、任务结果

详见报表实例。

五、总结拓展

(1)市场价锁定

对于招标文件要求的,如甲供材料表、暂估材料表中涉及的材料价格是不能进行调整的,为了避免在调整其他材料价格时出现操作失误,可使用"市场价锁定"对修改后的材料价格进行锁定,如图 4.39 所示。

编码	类别	名称	规格型号	单位	数量	预算价	出	采	市场价	价差	市场价合	价差合计	供货方	甲供数量	市场价锁定
040262	商砼	普通商品砼	C25(砾石)	m3	666.1166	418	0		310	-108	206496.14	-71940.5	完全甲供	666.116	☑
040263	商砼	普通商品砼	C30(砾石)	m3	794.4476	430	0		320	-110	254223.23	-87389.2	完全甲供	794.447	☑
040264	商砼	普通商品砼	C35(砾石)	m3	72.8681	448	0		335	-113	24410.814	-8234.09	完全甲供	72.8681	☑
YBP7-143	商砼	商品抗渗砼	等级P8~12 砾40 C30	m3	749.5022	354.23	340	0	340	-14.2	254830.74	-10665.4	完全甲供	749.502	☑
YBP7-145	商砼	商品抗渗砼	等级P8~12 砾40 C35	m3	13.0428	362.26	355	0	355	-7.26	4630.194	-94.691	完全甲供	13.0428	☑

图 4.39

(2)显示对应子目

对于"人材机汇总"中出现材料名称异常或数量异常的情况,可直接右键单击相应材料,选择"显示相应子目",在分部分项中对材料进行修改,如图 4.40 所示。

040281	材	水泥珍珠岩板	显示对应子目	
050090	材	模板锯材	市场价存档	
050091	材	模板竹胶合板	载价	
050135	材	杉木锯材		
050136	材	杉木锯材(门	人材机无价差	
050146	材	松木锯材		
050212	材	竹脚手板(侧	部分甲供	
060186	材	中空玻璃	批量修改	
070014	材	广场地砖(不		
090018	材	钢质防火门	取消排序	
090048	材	塑钢中空玻璃	替换材料	Ctrl+B
110002	材	107胶		
110015	材	SBS改性沥青	页面显示列设置	
110016	材	SBS改性沥青	其他	▶
110017	材	SBS油膏		
110018	材	SBS粘胶	复制格子内容	Shift+Ctrl+C

图 4.40

(3)市场价存档

对于同一个项目的多个标段,发包方会要求所有标段的材料价保持一致,在调整好一个标段的材料价后,可利用"市场价存档"将此材料价运用到其他标段,如图 4.41 所示。

图 4.41

在其他标段的"人材机汇总"中使用该市场价文件时,可运用"载入市场价",如图 4.42 所示。

图 4.42

在导入 Excel 市场价文件时,按图 4.43 所示顺序进行操作。

图 4.43

导入 Excel 市场价文件之后,需要先识别材料号、名称、规格、单位、单价等信息,如图4.44 所示。

识别完所需要的信息之后,需要选择"匹配选项",然后单击"导入"按钮即可,如图 4.45 所示。

图 4.44

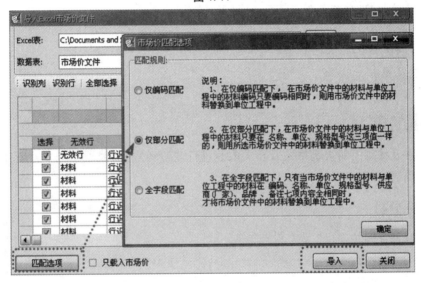

图 4.45

（4）批量修改人材机属性

在修改材料供货方式、市场价锁定、主要材料类别等材料属性时,可同时选中多个,单击鼠标右键。选择"批量修改",如图 4.46 所示。在弹出的"批量设置人材机属性"对话框中,选择需要修改的人材机属性内容并进行修改,如图 4.47 所示。

	编码	类别	名称	规格型号	单位	数量	预算价	出
1	040262	商砼	普通商品砼	C25(砾石)			显示对应子目	
2	040263	商砼	普通商品砼	C30(砾石)			市场价存档	
3	040264	商砼	普通商品砼	C35(砾石)			载价	
4	YBP7-143	商砼	商品抗渗砼	等级P8~12 砼4(			人材机无价差	
5	YBP7-145	商砼	商品抗渗砼	等级P8~12 砼4(			部分甲供	
6	010368	材	镀锌铁皮	0.552mm厚（26#			批量修改	
7	010391	材	镀锌铁丝	8#			取消排序	
8	010588	材	钢丝网	0.8mm			替换材料 Ctrl+B	
9	010947	材	膨胀螺栓	M8*65			页面显示列设置	
10	011009	材	其他铁件					
11	011209	材	圆钢	Φ6			其他 ▶	
12	011230	材	铸铁篦子板	35mm			复制格子内容 Shift+Ctrl+C	
13	011265	材	板条	1000*30*8mm				
14	011293	材	胶合板	3mm				
15	011322	材	电焊条					
16	011324	材	焊锡					

图 4.46

图 4.47

4.7 计取规费和税金

通过本节的学习,你将能够:

(1)载入模板;

(2)修改报表样式;

(3)调整规费。

一、任务说明

在预览报表状态下对报表格式及相关内容进行调整和修改,根据招标文件所述内容和定额规定计取规费、税金。

二、任务分析

①规费都包含哪些项目?

②税金如何确定?

三、任务实施

①在"费用汇总"界面,查看"工程费用构成",如图 4.48 所示。

序号		费用代	名称	计算基数	基数说明	费率(%
1	1	A	分部分项工程费	FBFXHJ	分部分项合计	
2	2	B	措施项目费	CSXMHJ	措施项目合计	
3	2.1	B1	能计量的部分	JSCSF	技术措施项目合计	
4	2.2	B2	总价措施项目费	ZZCSF	组织措施项目合计	
5	3	C	其他项目费	QTXMHJ	其他项目合计	
6	4	D	规费	D1 + D2 + D3 + D4 + D5 + D6	工程排污费+职工教育经费+工会经费+其他规费+养老保险费(劳保基金)+安全生产责任险	
7	4.1	D1	工程排污费	A+B+C-XSXMFB-XSXMFC	分部分项工程费+措施项目费+其他项目费-协商项目B-协商项目C	0.4
8	4.2	D2	职工教育经费	RGF+JSCS_RGF+RGF_JRG	分部分项人工费+技术措施项目人工费+计日工人工费	1.5
9	4.3	D3	工会经费	RGF+JSCS_RGF+RGF_JRG	分部分项人工费+技术措施项目人工费+计日工人工费	2
10	4.4	D4	其他规费	RGF+JSCS_RGF+RGF_JRG	分部分项人工费+技术措施项目人工费+计日工人工费	16.7
11	4.5	D5	养老保险费(劳保基金)	A+B+C-XSXMFB-XSXMFC	分部分项工程费+措施项目费+其他项目费-协商项目B-协商项目C	3.5
12	4.6	D6	安全生产责任险	A+B+C-XSXMFB-XSXMFC	分部分项工程费+措施项目费+其他项目费-协商项目B-协商项目C	0.21
13	5	E	税金	A+B+C+D-XSXMFB	分部分项工程费+措施项目费+其他项目费+规费-协商项目B	3.477
14	6	G	暂列金额	暂列金额	暂列金额	
15	7		单位工程造价	A+B+C+D+E+G	分部分项工程费+措施项目费+其他项目费+规费+税金+暂列金额	

图 4.48

②进入"报表"界面,选择"招标控制价",单击需要输出的报表,单击右键选择"报表设计",如图4.49所示;或直接单击"报表设计器",进入"报表设计器"界面,调整列宽及行距,如图4.50所示。

图4.49

图4.50

③单击文件,选择"报表预览",如需修改,关闭预览,重新调整。

四、任务结果

详见报表实例。

五、总结拓展

调整规费

如果招标文件对规费有特别要求,可在规费的费率一栏中进行调整,如图4.51所示。本项目没有特别要求的,按软件默认设置即可。

图 4.51

4.8 统一调整人材机及输出格式

通过本节的学习,你将能够:
(1)调整多个工程人材机;
(2)调整输出格式。

一、任务说明

(1)将 1#工程数据导入 2#工程。
(2)统一调整 1#和 2#的人材机。
(3)统一调整 1#和 2#的规费。
根据招标文件所述内容统一调整人材机和输出格式。

二、任务分析

①统一调整人材机与调整人材机有什么不同?
②输出格式一定符合招标文件要求吗? 各种模板如何载入?
③输出之前检查工作如何进行? 综合单价与项目编码如何检查?

三、任务实施

①在项目管理界面,在 2#项目导入 1#楼数据。假设在甲方要求下须调整混凝土及钢筋市场价格,可运用常用功能中的“统一调整人材机”进行调整,如图 4.52 所示。其中,人材机的调整方法及功能可参照第 4.5 节的操作方法,此处不再重复讲解。

②统一调整取费。根据招标文件要求,可同时调整两个标段的取费,在“项目管理”界面下运用常用功能中的“统一调整规费”进行调整,如图 4.53 所示。

图 4.52

图 4.53

四、任务结果

详见报表实例。

五、总结拓展

（1）检查项目编码

所有标段的数据整理完毕之后，可运用"检查项目编码"对项目编码进行校核，如图4.54所示。如果检查结果中提示有重复的项目编码，可"统一调整项目清单编码"。

图 4.54

（2）检查清单综合单价

调整好所有的人材机信息之后，可运用常用功能中的"检查清单综合价"对清单综合价进行检查，如图 4.55 所示。

图 4.55

4.9　生成电子招标文件

通过本节的学习，你将能够：
（1）运用"招标书自检"并修改；
（2）运用软件生成招标书。

一、任务说明

根据招标文件所述内容生成招标书。

二、任务分析

①输出招标文件之前有检查要求吗？
②输出的文件是什么类型？如何使用？

三、任务实施

①在"项目管理"界面进入"发布招标书"，选择"招标书自检"，如图 4.56 所示。
②在"设置检查项"界面选择需要检查的项目名称，如图 4.57 所示。
③根据生成的"标书检查报告"对单位工程中的内容进行修改，检查报告如图 4.58 所示。

图 4.56

图 4.57

图 4.58

四、任务结果

详见报表实例。

五、总结拓展

在生成招标书之后,若需要单独备份此标书,可运用"导出招标书"对标书进行单独备份;有时会需要电子版标书,可导出后运用"刻录招标书"生成电子版进行备份,如图4.59所示。

图4.59

第 5 章　报表实例

通过本章学习,你将能够:
熟悉编制招标控制价时需要打印的表格。

一、任务说明

按照招标文件的要求,打印相应的报表,并装订成册。

二、任务分析

①招标文件的内容和格式是如何规定的?
②如何检查打印前的报表是否符合要求?

三、任务实施

①检查报表样式。
②设定需要打印的报表。

四、任务结果

工程量清单招标控制价实例。

附 C 扉 2　　C.2：　招标控制价扉页

广联达办公大厦项目　工程

招标控制价

招标控制价　（小写）：　10545208.15

（大写）：　壹仟零伍拾肆万伍仟贰佰零捌元壹角伍分

招标人：　_____
　　　　　　（单位盖章）

造价咨询人：_____
　　　　　　（单位资质专用章）

法定代理人

或其授权人：_____
　　　　　　（签字或盖章）

法定代理人

或其授权人：_____
　　　　　　（签字或盖章）

编制人：　_____
　　　（造价人员签字盖专用章）

复核人：　_____
　　　（造价工程师签字盖专用章）

附 E 表 1 E.1:建设项目招标控制价汇总表

工程名称:广联达办公大厦项目

序号	单项工程名称	金额(元)	其中:(元)			
			暂估价	安全文明施工费	规费	其中:劳保基金
1	广联达办公大厦1#楼	10545208.15	1626773.36	192578.45	717654.66	304503.44
合 计		10545208.15	1626773.36	192578.45	717654.66	304503.44

注:本表适用于工程项目招标控制价或投标报价的汇总。

附E表2 E.2:单项工程招标控制价汇总表

工程名称:广联达办公大厦1#楼   第1页 共1页

序号	单项工程名称	金额(元)	其中:(元)			
			暂估价	安全文明施工费	规费	其中:劳保基金
1	广联达办公大厦1#楼建筑工程	7081565.65	212703.61	159139.8	508265.1	194678.03
2	广联达办公大厦1#楼装饰工程	3463642.50	1414069.75	33438.65	209389.56	109825.41
	合 计	10545208.15	1626773.36	192578.45	717654.66	304503.44

注:本表适用于单项工程招标控制价或投标报价的汇总。暂估价包括分部分项工程中的暂估价和专业工程暂估价。

附E表3　E.3：单位工程招标控制价汇总表

工程名称：广联达办公大厦1#楼建筑工程　　　　　标段：广联达办公大厦项目　　　　第1页　共1页

序号	汇总内容	计费基础说明	费率(%)	金额(元)	其中:暂估价(元)
1	分部分项工程费	1.1 + 1.2 + 1.3 + 1.4 + 1.5 + 1.6		4412762.26	212703.61
1.1	人工费			889668.04	
1.2	材料费			2877348.43	212703.61
1.3	其中:安装工程设备费				
1.4	机械费			186323.06	
1.5	其他材料费	1.2×其他材料费率		86312.11	
1.6	企业管理费		23.34	179695.49	
1.7	利润		25.12	193415.13	
2	措施项目费	2.1 + 2.2		1143182.2	
2.1	能计量的部分	2.1.1 + 2.1.2 + 2.1.3 + 2.1.4 + 2.1.5 + 2.1.6		984042.4	
2.1.1	人工费			491924.85	
2.1.2	材料费			264848.2	
2.1.3	其他材料费	2.1.2×其他材料费率			
2.1.4	机械费			33737.68	
2.1.5	企业管理费		23.34	93211.5	
2.1.6	利润		25.12	100320.17	
2.2	总价措施项目费			159139.8	
2.2.1	其中:安全文明施工费		12.99	159139.8	
3	其他项目费			6285	
4	规费			508265.1	
4.1	其中:养老保险费	1 + 2 + 3	3.5	194678.03	
5	税金	1 + 2 + 3 + 4	3.477	211071.1	
6	暂列金额			800000	
招标控制价合计		合计:1 + 2 + 3 + 4 + 5 + 6		7081565.65	212703.61

附 F 表 1　F.1:分部分项工程和单价措施项目清单与计价表

工程名称:广联达办公大厦1#楼建筑工程　　　　标段:广联达办公大厦项目　　　第 1 页 共 21 页

序号	项目编码	项目名称	项目特征描述	计量单位	工程量	金额(元)		
						综合单价	合价	其中:暂估价
1	010101001001	平整场地	1. 土壤类别:二类	m²	1085.7169	4.66	5055.97	
	A1-3	平整场地		100m²	14.4502	349.89	5055.97	
2	010101002001	挖一般土方		m³	4743.6071	23.34	110701.17	
	A1-2	人工挖土方 深度2m以内 坚土 机械土(石)方工程量10%执行人工挖土(石)子目	1. 土壤类别:坚土 2. 挖土深度:4450mm	100m³	5.8171	6199.04	36060.44	
	A1-35	挖掘机挖土、自卸汽车运土 运距1km以内 坚土		1000m³	5.2354	14256.93	74640.73	
3	010101004001	挖基坑土方		m³	31.0433	32.97	1023.54	
	A1-2	人工挖土方 深度2m以内 坚土 机械土(石)方工程量10%执行人工挖土(石)子目	1. 土壤类别:坚土 2. 挖土深度:1400mm	100m³	0.0538	6199.04	333.51	
	A1-35	挖掘机挖土、自卸汽车运土 运距1km以内 坚土		1000m³	0.0484	14256.93	690.04	
4	010101004002	挖基坑土方		m³	4	44.35	177.41	
	A1-2	人工挖土方 深度2m以内 坚土 机械土(石)方工程量10%执行人工挖土(石)子目	1. 土壤类别:坚土 2. 挖土深度:1000mm	100m³	0.0093	6199.04	57.65	
	A1-35	挖掘机挖土、自卸汽车运土 运距1km以内 坚土		1000m³	0.0084	14256.93	119.76	
5	010103001001	回填方	1. 房心回填 2. 填方材料品种:素土	m³	632.3708	35.04	22158.47	
	A1-11	回填土 夯填		100m³	6.3237	3504.04	22158.47	
			本页小计				139116.52	

注:1. 本表工程量清单项目综合的消耗量标准与综合单价分析表(附 F 表2)综合的内容应相同;
　　2. 此表用于竣工结算时无暂估价栏;
　　3. 最后一页应按规定计取其他材料费。

附 F 表 1　F.1:分部分项工程和单价措施项目清单与计价表

工程名称:广联达办公大厦1#楼建筑工程　　　标段:广联达办公大厦项目　　　第2页 共21页

序号	项目编码	项目名称	项目特征描述	计量单位	工程量	金额(元)		
						综合单价	合价	其中:暂估价
6	010103001002	回填方	1.基础回填 2.填方材料品种:素土	m³	216.7974	206.71	44813.12	
	A1-11	回填土 夯填		100m³	12.789	3504.04	44813.12	
7	010402001001	砌块墙	1.砌块品种、规格、强度等级:250mm 厚加气混凝土砌块 2.墙体类型:砌体墙 3.砂浆强度等级:M5 混合砂浆	m³	175.9861	467.48	82269.1	
	A4-45	加气混凝土砌块框架结构间、预制柱间砌砖墙、混凝土小型空心砌块墙		10m³	17.5986	4674.75	82269.1	
8	010402001002	砌块墙	1.砌块品种、规格、强度等级:200mm 厚加气混凝土砌块 2.墙体类型:砌体墙 3.砂浆强度等级:M5 混合砂浆	m³	374.6282	467.48	175129.33	
	A4-45	加气混凝土砌块框架结构间、预制柱间砌砖墙、混凝土小型空心砌块墙		10m³	37.4628	4674.75	175129.33	
9	010402001003	砌块墙	1.砌块品种、规格、强度等级:100mm 厚加气混凝土砌块 2.墙体类型:砌体墙 3.砂浆强度等级:M5 混合砂浆	m³	10.7756	467.49	5037.51	
	A4-45	加气混凝土砌块框架结构间、预制柱间砌砖墙、混凝土小型空心砌块墙		10m³	1.0776	4674.75	5037.51	
10	010404001001	垫层	1.垫层材料种类、配合比、厚度:C15 混凝土,100mm厚	m³	112.1824	435.32	48835.09	
	A2-14	垫层 混凝土		10m³	11.218	4353.28	48835.09	
			本页小计				356084.15	

注:1.本表工程量清单项目综合的消耗量标准与综合单价分析表(附 F 表2)综合的内容应相同;

　　2.此表用于竣工结算时无暂估价栏;

　　3.最后一页应按规定计取其他材料费。

附 F 表 1　F.1:分部分项工程和单价措施项目清单与计价表

工程名称:广联达办公大厦 1#楼建筑工程　　　　　　标段:广联达办公大厦项目　　　第 3 页 共 21 页

序号	项目编码	项目名称	项目特征描述	计量单位	工程量	金额(元)		
						综合单价	合价	其中:暂估价
11	010501004001	满堂基础	1. 筏板基础 2. 混凝土强度等级:C30,P8 抗渗	m³	497.77	503.23	250491.16	
	A5-79	现拌混凝土 满堂基础 换为【商品抗渗混凝土等级 P8~P12 砾 40 C30 水泥 52.5】		10m³	49.777	5032.27	250491.16	
12	010501004002	满堂基础	1. 集水坑 2. 混凝土强度等级:C30,P8 抗渗	m³	51.1786	503.23	25754.64	
	A5-79	现拌混凝土 满堂基础 换为【商品抗渗混凝土等级 P8~P12 砾 40 C30 水泥 52.5】		10m³	5.1179	5032.27	25754.64	
13	010502001001	矩形柱	1. 混凝土种类:泵送混凝土 2. 混凝土强度等级:C30	m³	65.574	498.77	32706.52	
	A5-109	商品混凝土构件 地面以上输送高度 30m 以内 墙柱		100m³	0.65574	49877.27	32706.52	
14	010502001002	矩形柱	1. 地下室 2. 混凝土种类:泵送混凝土 3. 混凝土强度等级:C30	m³	19.9638	522.31	10427.26	
	A5-107	商品混凝土构件 地下室 墙柱 换为【普通商品混凝土 C30(砾石)】		100m³	0.19964	52230.29	10427.26	
15	010502001003	矩形柱	1. 混凝土种类:泵送混凝土 2. 混凝土强度等级:C25	m³	77.551	473.43	36715.34	
	A5-109	商品混凝土构件 地面以上输送高度 30m 以内 墙柱 换为【普通商品混凝土 C25(砾石)】		100m³	0.77551	47343.47	36715.34	
16	010502002001	构造柱	1. 混凝土种类:泵送混凝土 2. 混凝土强度等级:C25	m³	58.0471	684.22	39717.03	
	A5-81	现拌混凝土 构造柱 换为【普通商品混凝土 C25(砾石)】框架或框架剪力墙结构中的圈梁、构造柱		10m³	5.8047	6842.22	39717.03	
				本页小计			395811.95	

注:1.本表工程量清单项目综合的消耗量标准与综合单价分析表(附 F 表2)综合的内容应相同;

　　2.此表用于竣工结算时无暂估价栏;

　　3.最后一页应按规定计取其他材料费。

附 F 表 1　F.1:分部分项工程和单价措施项目清单与计价表

工程名称:广联达办公大厦 1#楼建筑工程　　　　标段:广联达办公大厦项目　　　　第 4 页 共 21 页

序号	项目编码	项目名称	项目特征描述	计量单位	工程量	金额(元)		其中:暂估价
						综合单价	合价	
17	010502003001	异形柱	1. 柱形状:圆柱 2. 混凝土种类:泵送混凝土 3. 混凝土强度等级:C30	m³	16.5099	483.57	7983.74	
	A5-109	商品混凝土构件地面以上输送高度 30m 以内 墙柱 换为【普通商品混凝土 C30(砾石)】		100m³	0.1651	48356.99	7983.74	
18	010503001001	基础梁	1. 混凝土强度等级:C30	m³	93.275	521.32	48625.91	
	A5-82	现拌混凝土 单梁、连续梁、基础梁 换为【普通商品混凝土 C30(砾石)】		10m³	9.3275	5213.18	48625.91	
19	010503004001	圈梁	1. 混凝土种类:泵送混凝土 2. 混凝土强度等级:C25	m³	20.4778	689.81	14125.69	
	A5-84	现拌混凝土 圈梁、过梁、弧形拱形梁 换为【普通商品混凝土 C25(砾石)】框架或框架剪力墙结构中的圈梁、构造柱		10m³	2.0478	6897.98	14125.69	
20	010504001001	直形墙	1. 混凝土种类:泵送混凝土 2. 混凝土强度等级:C30	m³	151.5516	483.57	73285.99	
	A5-109	商品混凝土构件地面以上输送高度 30m 以内 墙柱 换为【普通商品混凝土 C30(砾石)】		100m³	1.51552	48356.99	73285.99	
21	010504001002	直形墙	1. 地下室 2. 混凝土种类:泵送混凝土 3. 混凝土强度等级:C30 4. 抗渗等级:P8	m³	182.4834	542.57	99010.41	
	A5-107	商品混凝土构件地下室 墙柱 换为【商品抗渗混凝土等级 P8~P12 砾 40 C30 水泥 52.5】		100m³	1.82483	54257.33	99010.41	
			本页小计				243031.74	

注:1. 本表工程量清单项目综合的消耗量标准与综合单价分析表(附 F 表 2)综合的内容应相同;

　　2. 此表用于竣工结算时无暂估价栏;

　　3. 最后一页应按规定计取其他材料费。

附 F 表 1　F.1:分部分项工程和单价措施项目清单与计价表

工程名称:广联达办公大厦 1#楼建筑工程　　　　标段:广联达办公大厦项目　　　　第 5 页 共 21 页

序号	项目编码	项目名称	项目特征描述	计量单位	工程量	金额(元)		
						综合单价	合价	其中:暂估价
22	010504001003	直形墙	1.地下室 2.混凝土种类:泵送混凝土 3.混凝土强度等级:C30	m³	34.131	522.3	17826.72	
	A5-107	商品混凝土构件地下室 墙柱 换为【普通商品混凝土C30(砾石)】		100m³	0.34131	52230.29	17826.72	
23	010504001004	直形墙	1.混凝土种类:泵送混凝土 2.混凝土强度等级:C25	m³	165.6645	473.44	78431.57	
	A5-109	商品混凝土构件地面以上输送高度30m 以内 墙柱 换为【普通商品混凝土 C25(砾石)】		100m³	1.65665	47343.47	78431.57	
24	010505001001	有梁板	1.混凝土种类:泵送混凝土 2.混凝土强度等级:C30	m³	467.3996	440.21	205754.81	
	A5-108	商品混凝土构件地面以上输送高度30m 以内 梁板 换为【普通商品混凝土 C30(砾石)】		100m³	4.6731	44029.62	205754.81	
25	010505001002	有梁板	1.混凝土种类:泵送混凝土 2.混凝土强度等级:C25	m³	297.7696	429.63	127929.48	
	A5-108	商品混凝土构件地面以上输送高度30m 以内 梁板 换为【普通商品混凝土 C25(砾石)】		100m³	2.9762	42984.17	127929.48	
26	010505003001	平板	1.混凝土种类:泵送混凝土 2.混凝土强度等级:混凝土强度等级:C30	m³	2.0276	440.82	893.8	
	A5-108	商品混凝土构件地面以上输送高度30m 以内 梁板 换为【普通商品混凝土 C30(砾石)】		100m³	0.0203	44029.62	893.8	
			本页小计				430836.38	

注:1.本表工程量清单项目综合的消耗量标准与综合单价分析表(附 F 表 2)综合的内容应相同;
　　2.此表用于竣工结算时无暂估价栏;
　　3.最后一页应按规定计取其他材料费。

附 F 表 1 F.1:分部分项工程和单价措施项目清单与计价表

工程名称:广联达办公大厦 1#楼建筑工程　　　　标段:广联达办公大厦项目　　　　第 6 页 共 21 页

序号	项目编码	项目名称	项目特征描述	计量单位	工程量	综合单价	合价	其中:暂估价
	010505003002	平板		m³	1.5134	428.88	649.06	
27	A5-108	商品混凝土构件地面以上输送高度30m 以内 梁板 换为【普通商品混凝土 C25(砾石)】	1.混凝土种类:泵送混凝土 2.混凝土强度等级:C25	100m³	0.0151	42984.17	649.06	
	010505008001	雨篷、悬挑板、阳台板		m³	0.8645	532.84	460.64	
28	A5-92	现拌混凝土 悬挑式阳台、雨篷 换为【普通商品混凝土 C25(砾石)】	1.混凝土种类:泵送混凝土 2.混凝土强度等级:C25	10m³	0.0743	6199.77	460.64	
	010505008002	雨篷、悬挑板、阳台板		m³	1.1625	619.98	720.72	
29	A5-92	现拌混凝土 悬挑式阳台、雨篷 换为【普通商品混凝土 C25(砾石)】	1.飘窗 2.混凝土强度等级:C25	10m³	0.11625	6199.77	720.72	
	010506001001	直形楼梯		m²	115.4175	153.72	17742.13	
30	A5-91	现拌混凝土 楼梯 换为【普通商品混凝土 C25(砾石)】	1.混凝土强度等级:C25	10m²投影面积	11.5418	1537.21	17742.13	
	010507001001	散水	1.混凝土散水(11ZJ001 散1)	m²	97.7394	119	11631.02	
31	A2-1	垫层 灰土	2.素土夯实,向外坡4% 3.垫层材料种类、厚度:150mm 厚三七灰土	10m³	1.4661	1819.97	2668.25	
	A10-49	混凝土散水	4.混凝土强度等级:60mm 厚 C15 混凝土 5.面层厚度:面上加5mm 厚1:1	100m²	0.9774	9170.01	8962.77	
			本页小计				31203.57	

注:1.本表工程量清单项目综合的消耗量标准与综合单价分析表(附 F 表2)综合的内容应相同;

　　2.此表用于竣工结算时无暂估价栏;

　　3.最后一页应按规定计取其他材料费。

附F表1　F.1：分部分项工程和单价措施项目清单与计价表

序号	项目编码	项目名称	项目特征描述	计量单位	工程量	金额（元）		
						综合单价	合价	其中:暂估价
32	010507001002	坡道	1. 坡道 2. 垫层材料种类、厚度：C15 混凝土 3. 面层厚度:200mm 4. 混凝土强度等级:C30 P8 抗渗混凝土 5. 3mm 厚 SBS 改性沥青防水	m²	58.6204	201.22	11795.85	
	A5-79	现拌混凝土 满堂基础 换为【商品抗渗混凝土等级P8～P12砾40 C30水泥52.5】		10m³	1.1177	5032.27	5624.56	
	A8-29	石油沥青改性卷材 热熔铺贴（单层）		100m²	1.1724	5263.8	6171.28	
33	010507003002	电缆沟、地沟	1. 沟截面净空尺寸:400mm×600mm 2. 混凝土强度等级:C30 P8 抗渗混凝土	m	6.95	109.81	763.17	
	A5-93	现拌混凝土 地沟电缆沟 换为【商品抗渗混凝土 等级P8～P12砾40 C30水泥42.5】换为【商品抗渗混凝土等级P8～P12砾40 C30水泥52.5】		10m³	0.139	5490.4	763.17	
34	010507004001	台阶	1. 花岗石台阶(11ZJ001 台7) 2. 20mm 厚1:2水泥砂浆抹面压光 3. 素泥浆结合层一遍 4. 60mm 厚 C15 混凝土台阶 5. 300mm 厚三七灰土	m²	23.26	137.91	3207.84	
	A2-1	垫层 灰土		10m³	0.6977	1819.97	1269.79	
	A5-97	现拌混凝土 台阶 换为【普通商品混凝土 C25(砾石)】		10m³	0.1395	5582.06	778.7	
	B1-8	整体面层 水泥砂浆 台阶		100m²	0.2326	4984.31	1159.35	
35	010507005001	压顶	1. 压顶 2. 混凝土强度等级:C25	m	181.7319	33.37	6065.24	
	A5-98	现拌混凝土 压顶 换为【普通商品混凝土 C25(砾石)】		10m³	0.9261	6549.22	6065.24	
			本页小计				21832.1	

注:1. 本表工程量清单项目综合的消耗量标准与综合单价分析表(附F表2)综合的内容应相同；

　　2. 此表用于竣工结算时无暂估价栏；

　　3. 最后一页应按规定计取其他材料费。

附 F 表 1　F.1：分部分项工程和单价措施项目清单与计价表

工程名称:广联达办公大厦1#楼建筑工程　　　　标段:广联达办公大厦项目　　　第 8 页 共 21 页

序号	项目编码	项目名称	项目特征描述	计量单位	工程量	金额(元)		
						综合单价	合价	其中:暂估价
36	010508001001	后浇带	1. 混凝土强度等级:C35,抗渗等级 P8	m³	12.85	669.69	8605.52	
	A5-101	后浇带增加费 基础底板		m	23.8	111.08	2643.61	
	A5-105	商品混凝土构件 地下室 基础 换为【商品抗渗混凝土 等级 P8～P12 砾 40 C35 水泥 52.5】		100m³	0.1285	46396.16	5961.91	
37	010508001002	后浇带	1. 混凝土种类:泵送混凝土 2. 混凝土强度等级:C35	m³	8.2205	861.03	7078.12	
	A5-102	后浇带增加费 其他部位		m	59.9586	55.54	3329.98	
	A5-108	商品混凝土构件 地面以上输送高度 30m 以内 梁板 换为【普通商品混凝土 C35(砾石)】		100m³	0.0822	45597.79	3748.14	
38	010508001003	后浇带	1. 混凝土种类:泵送混凝土 2. 混凝土强度等级:C30	m³	4.7234	878.17	4147.94	
	A5-102	后浇带增加费 其他部位		m	37.2672	55.54	2069.75	
	A5-108	商品混凝土构件 地面以上输送高度 30m 以内 梁板 换为【普通商品混凝土 C30(砾石)】		100m³	0.0472	44029.62	2078.2	
39	010510003001	过梁	1. 预制过梁 2. 混凝土强度等级:C25	m³	3.4715	1035.89	3596.09	
	A5-115	预制混凝土 异形梁、过梁、拱形梁 换为【普通商品混凝土 C25(砾石)】		10m³	0.3524	5309.04	1870.9	
	A5-162	梁安装 单体 0.4m³以内		10m³	0.3489	4407.77	1537.87	
	A5-225	预制混凝土构件接头灌缝 梁		10m³	0.3471	539.67	187.32	
			本页小计				23427.67	

注:1. 本表工程量清单项目综合的消耗量标准与综合单价分析表(附 F 表 2)综合的内容应相同;

2. 此表用于竣工结算时无暂估价栏;

3. 最后一页应按规定计取其他材料费。

附 F 表 1　F. 1：分部分项工程和单价措施项目清单与计价表

工程名称:广联达办公大厦1#楼建筑工程　　　　标段:广联达办公大厦项目　　　　第9页 共21页

序号	项目编码	项目名称	项目特征描述	计量单位	工程量	金额(元)		
						综合单价	合价	其中:暂估价
40	010515001001	现浇构件钢筋	1. 钢筋种类、规格:圆钢筋 直径6.5mm	t	6.856	6124.21	41987.58	
	A5-2	圆钢筋 直径6.5mm		t	6.856	6124.21	41987.58	
41	010515001002	现浇构件钢筋	1. 钢筋种类、规格:圆钢筋 直径8mm	t	26.265	5102.65	134021	
	A5-3	圆钢筋 直径8mm		t	26.265	5102.65	134021	
42	010515001003	现浇构件钢筋	1. 钢筋种类、规格:圆钢筋 直径10mm	t	56.832	4547.62	258450.27	
	A5-4	圆钢筋 直径10mm		t	56.832	4547.62	258450.27	
43	010515001004	现浇构件钢筋	1. 钢筋种类、规格:带肋钢筋 直径12mm	t	81.767	5030.02	411289.89	
	A5-17	带肋钢筋 直径12mm		t	81.767	5030.02	411289.89	
44	010515001005	现浇构件钢筋	1. 钢筋种类、规格:带肋钢筋 直径14mm	t	17.825	4706.34	83890.45	
	A5-18	带肋钢筋 直径14mm		t	17.825	4706.34	83890.45	
45	010515001006	现浇构件钢筋	1. 钢筋种类、规格:带肋钢筋 直径16mm	t	8.887	4491.33	39914.41	
	A5-19	带肋钢筋 直径16mm		t	8.887	4491.33	39914.41	
46	010515001007	现浇构件钢筋	1. 钢筋种类、规格:带肋钢筋 直径18mm	t	6.471	4367.5	28262.11	
	A5-20	带肋钢筋 直径18mm		t	6.471	4367.5	28262.11	
47	010515001008	现浇构件钢筋	1. 钢筋种类、规格:带肋钢筋 直径20mm	t	48.968	4298.27	210477.76	
	A5-21	带肋钢筋 直径20mm		t	48.968	4298.27	210477.76	
48	010515001009	现浇构件钢筋	1. 钢筋种类、规格:带肋钢筋 直径22mm	t	20.143	4192.48	84449.04	
	A5-22	带肋钢筋 直径22mm		t	20.143	4192.48	84449.04	
49	010515001010	现浇构件钢筋	1. 钢筋种类、规格:带肋钢筋 直径25mm	t	91.979	4111.78	378197.44	
	A5-23	带肋钢筋 直径25mm		t	91.979	4111.78	378197.44	
			本页小计				1670939.95	

注:1.本表工程量清单项目综合的消耗量标准与综合单价分析表(附F表2)综合的内容应相同;

　　2.此表用于竣工结算时无暂估价栏;

　　3.最后一页应按规定计取其他材料费。

附F表1 F.1:分部分项工程和单价措施项目清单与计价表

工程名称:广联达办公大厦1#楼建筑工程　　　　标段:广联达办公大厦项目　　　　第 10 页 共 21 页

序号	项目编码	项目名称	项目特征描述	计量单位	工程量	综合单价	合价	其中:暂估价
50	010515001011	现浇构件钢筋	1. 钢筋种类、规格:带肋钢筋 直径28mm	t	21.108	4215.2	88974.48	
	A5-24	带肋钢筋 直径28mm		t	21.108	4215.2	88974.48	
51	010801001001	木质门	1. 门代号及洞口尺寸:M1 1000mm×2100mm 2. 木材面油漆做法:11ZJ001 涂101 3. 底油一遍 4. 调和漆两遍	樘	36	470.69	16944.85	
	B4-11	胶合板门 不带纱 不带亮子		100m²	0.756	21023.79	15893.99	
	B4-161	普通木门五金配件表 镶板门、胶合板门 不带纱扇 不带亮子		100m²	0.756	1390.03	1050.86	
52	010801001002	木质门	1. 门代号及洞口尺寸:M1 1500mm×2100mm 2. 木材面油漆做法:11ZJ001 涂101 3. 底油一遍 4. 调和漆两遍	樘	19	706.04	13414.67	
	B4-11	胶合板门 不带纱 不带亮子		100m²	0.5985	21023.79	12582.74	
	B4-161	普通木门五金配件表 镶板门、胶合板门 不带纱扇 不带亮子		100m²	0.5985	1390.03	831.93	
53	010801004001	木质防火门	1. 门代号及洞口尺寸:JXM1 550mm×2000mm 2. 材质:木质丙级防火检修门	樘	5	540.54	2702.71	
	A7-28	防火门 框架式 单面石棉板 门扇制安		100m²	0.055	49140.09	2702.71	
54	010801004002	木质防火门	1. 门代号及洞口尺寸:JXM1 1200mm×2000mm 2. 材质:木质丙级防火检修门	樘	10	1179.36	11793.62	
	A7-28	防火门 框架式 单面石棉板 门扇制安		100m²	0.24	49140.09	11793.62	
55	010802001001	金属(塑钢)门	1. 门代号及洞口尺寸:TLM1 3000mm×2100mm 2. 门框、扇材质:铝塑琉璃推拉门 3. 玻璃品种、厚度:中空玻璃	樘	1	2432.38	2432.38	1556.1
	B4-89	塑钢门窗安装 塑钢中空玻璃窗		100m²	0.063	38609.26	2432.38	1556.1
			本页小计				136262.71	1556.1

注:1. 本表工程量清单项目综合的消耗量标准与综合单价分析表(附F表2)综合的内容应相同;
　　2. 此表用于竣工结算时无暂估价栏;
　　3. 最后一页应按规定计取其他材料费。

附 F 表 1 F.1:分部分项工程和单价措施项目清单与计价表

工程名称:广联达办公大厦1#楼建筑工程　　　　标段:广联达办公大厦项目　　　第 11 页 共 21 页

序号	项目编码	项目名称	项目特征描述	计量单位	工程量	金额(元)		
						综合单价	合价	其中:暂估价
56	010802001002	金属(塑钢)门	1.门代号及洞口尺寸:LM1 2100mm × 3000mm 2.门框、扇材质:铝塑玻璃平开门 3.玻璃品种、厚度:中空玻璃	樘	1	2432.38	2432.38	1556.1
	B4-89	塑钢门窗安装 塑钢中空玻璃窗		100m²	0.063	38609.26	2432.38	1556.1
57	010802003001	钢质防火门	1.门代号及洞口尺寸:YFM1 1200mm × 2100mm 2.门框、扇材质:钢质乙级防火门	樘	11	1889.1	20780.14	19015.92
	B4-93	防火门、防火卷帘门安装 防火门 钢质		100m²	0.2772	74964.44	20780.14	19015.92
58	010802003002	钢质防火门	1.门代号及洞口尺寸:JFM1 1000mm × 2000mm 2.门框、扇材质:钢质甲级防火门	樘	1	1574.25	1574.25	1440.6
	B4-93	防火门、防火卷帘门安装 防火门 钢质		100m²	0.021	74964.44	1574.25	1440.6
59	010802003003	钢质防火门	1.门代号及洞口尺寸:JFM1 1800mm × 2100mm 2.门框、扇材质:钢质甲级防火门	樘	1	2833.66	2833.66	2593.08
	B4-93	防火门、防火卷帘门安装 防火门 钢质		100m²	0.0378	74964.44	2833.66	2593.08
60	010807001001	金属(塑钢、断桥)窗	1.窗代号及洞口尺寸:LC1 900mm × 2700mm 2.框、扇材质:铝塑框、玻璃上悬窗 3.玻璃品种、厚度:中空玻璃	樘	74	921.3	68176.22	43615.26
	B4-89	塑钢门窗安装 塑钢中空玻璃窗		100m²	1.7658	38609.26	68176.22	43615.26
			本页小计				95796.65	68220.96

注:1.本表工程量清单项目综合的消耗量标准与综合单价分析表(附 F 表 2)综合的内容应相同;

　　2.此表用于竣工结算时无暂估价栏;

　　3.最后一页应按规定计取其他材料费。

附F表1 F.1:分部分项工程和单价措施项目清单与计价表

工程名称:广联达办公大厦1#楼建筑工程　　　　标段:广联达办公大厦项目　　　　第12页 共21页

序号	项目编码	项目名称	项目特征描述	计量单位	工程量	金额(元)		
						综合单价	合价	其中:暂估价
61	010807001002	金属(塑钢、断桥)窗	1.窗代号及洞口尺寸:LC2 1200mm×2700mm	樘	96	1250.94	120090.23	76826.88
	B4-89	塑钢门窗安装 塑钢中空玻璃窗	2.框、扇材质:铝塑框、玻璃上悬窗 3.玻璃品种、厚度:中空玻璃	100m²	3.1104	38609.26	120090.23	76826.88
62	010807001003	金属(塑钢、断桥)窗	1.窗代号及洞口尺寸:LC1 1500mm×2700mm	樘	2	1563.67	3127.35	2000.7
	B4-89	塑钢门窗安装 塑钢中空玻璃窗	2.框、扇材质:铝塑框、玻璃上悬窗 3.玻璃品种、厚度:中空玻璃	100m²	0.081	38609.26	3127.35	2000.7
63	010807001004	金属(塑钢、断桥)窗	1.窗代号及洞口尺寸:MQ3 21000mm×3900mm	樘	1	32149.93	32149.93	20567.69
	B4-89	塑钢门窗安装 塑钢中空玻璃窗	2.框、扇材质:铝塑框、玻璃上悬窗 3.玻璃品种、厚度:中空玻璃	100m²	0.8327	38609.26	32149.93	20567.69
64	010807001005	金属(塑钢、断桥)窗	1.窗代号及洞口尺寸:TLC1 1500mm×2700mm	樘	6	1563.67	9382.05	6002.1
	B4-89	塑钢门窗安装 塑钢中空玻璃窗	2.框、扇材质:铝塑框、玻璃上悬窗 3.玻璃品种、厚度:中空玻璃	100m²	0.243	38609.26	9382.05	6002.1
			本页小计				164749.56	105397.37

注:1.本表工程量清单项目综合的消耗量标准与综合单价分析表(附F表2)综合的内容应相同;

　　2.此表用于竣工结算时无暂估价栏;

　　3.最后一页应按规定计取其他材料费。

附 F 表 1　F.1:分部分项工程和单价措施项目清单与计价表

工程名称:广联达办公大厦1#楼建筑工程　　　　标段:广联达办公大厦项目　　　第 13 页 共 21 页

序号	项目编码	项目名称	项目特征描述	计量单位	工程量	金额(元)		
						综合单价	合价	其中:暂估价
65	010807001006	金属(塑钢、断桥)窗	1.窗代号及洞口尺寸:MQ1 21000mm×3900mm	樘	2	28497.49	56994.98	36462.14
	B4-89	塑钢门窗安装 塑钢中空玻璃窗	2.框、扇材质:铝塑框、玻璃上悬窗 3.玻璃品种、厚度:中空玻璃	100m²	1.4762	38609.26	56994.98	36462.14
66	010807001007	金属(塑钢、断桥)窗	1.窗代号及洞口尺寸:LC5 1200mm×1800mm	樘	2	833.96	1667.92	1067.04
	B4-89	塑钢门窗安装 塑钢中空玻璃窗	2.框、扇材质:铝塑框、玻璃上悬窗	100m²	0.0432	38609.26	1667.92	1067.04
67	010902004001	屋面排水管		m	130.7	83.4	10900.47	
	A8-75	屋面排水 PVC 塑料 排水管 管径 φ110mm	1.排水管品种、规格:PVC、φ110	10m	13.07	807.49	10553.93	
	A8-79	屋面排水 PVC 排水部件 水斗(带罩)直径 φ110mm		10 个	0.8	433.17	346.53	
68	010904001001	楼(地)面卷材防水	1.筏板基础防水 2.卷材品种、规格、厚度:4mm 厚 SBS 改性沥青防水卷材	m²	965.3038	52.64	50811.49	
	A8-29	石油沥青改性卷材热熔铺贴(单层)		100m²	9.653	5263.8	50811.49	
			本页小计				120374.86	37529.18

注:1.本表工程量清单项目综合的消耗量标准与综合单价分析表(附 F 表 2)综合的内容应相同;

　　2.此表用于竣工结算时无暂估价栏;

　　3.最后一页应按规定计取其他材料费。

附 F 表 1 F.1:分部分项工程和单价措施项目清单与计价表

工程名称:广联达办公大厦1#楼建筑工程　　　　　标段:广联达办公大厦项目　　　　　第 14 页 共 21 页

序号	项目编码	项目名称	项目特征描述	计量单位	工程量	金额(元)		其中:暂估价
						综合单价	合价	
69	011001001001	保温隔热屋面	1. 不上人屋面(平屋面,11ZJ001 屋 107-2F1-50B1 水泥砂浆保护层,保温、非上人屋面)	m²	898.5269	201.87	181387.93	
	A8-27	石油沥青改性卷材热贴满铺 一胶一毡		100m²	19.2966	4723.63	91149.93	
	A8-97	卷材防水 干铺塑料薄膜防潮层	2.25mm 厚 1:2.5 水泥砂浆,分格缝面积 1m²	100m²	2.1128	154.24	325.88	
	A9-11	屋面保温 干铺聚乙烯板	3. 满铺 0.3mm 厚聚乙烯薄膜一层	10m³	4.4926	4500.28	20217.95	
	A9-18	屋面保温 现浇水泥珍珠岩	4. 二层 3mm 厚 SBS 改性沥青防水卷材 5. 刷基层处理剂一遍	10m³	10.6026	2651.26	28110.21	
	B1-2	找平层 水泥砂浆 在填充材料上 20mm	6.20mm 厚 1:2.5 水泥砂浆找平 7.20mm 厚(最薄处)1:8 水泥珍珠岩找 2% 坡	100m²	8.9853	1944.36	17470.67	
	B1-6	整体面层 水泥砂浆 楼地面	8.50mm 厚挤塑聚苯乙烯泡沫塑料板	100m²	10.7823	2236.38	24113.29	
70	011001001002	保温隔热屋面		m²	64.27	254.11	16331.7	
	A8-27	石油沥青改性卷材热贴满铺 一胶一毡		100m²	1.2854	4723.63	6071.75	
	A8-97	卷材防水 干铺塑料薄膜防潮层	1. 上人屋面(平屋面 11ZJ001 屋 101-2F1-50B1 地砖保护层屋面,保温、上人屋面)	100m²	0.6427	154.24	99.13	
	A9-11	屋面保温 干铺聚乙烯板	2.10mm 厚地砖铺平拍实,缝宽 5~8,1:1 水泥砂浆填缝	10m³	0.3214	4500.28	1446.39	
	A9-18	屋面保温 现浇水泥珍珠岩	3.25mm 厚 1:4 干硬性水泥砂浆	10m³	0.7584	2651.26	2010.71	
	B1-2	找平层 水泥砂浆 在填充材料上 20mm		100m²	0.6427	1944.36	1249.64	
	B1-86	广场砖 不拼图案		100m²	0.6427	8486.2	5454.08	
本页小计							197719.63	

注:1. 本表工程量清单项目综合的消耗量标准与综合单价分析表(附 F 表 2)综合的内容应相同;
　　2. 此表用于竣工结算时无暂估价栏;
　　3. 最后一页应按规定计取其他材料费。

附 F 表 1　F.1:分部分项工程和单价措施项目清单与计价表

工程名称:广联达办公大厦1#楼建筑工程　　　　标段:广联达办公大厦项目　　　第 15 页 共 21 页

序号	项目编码	项目名称	项目特征描述	计量单位	工程量	金额(元)		
						综合单价	合价	其中:暂估价
71	011001001003	保温隔热屋面		m²	69.7621	164.79	11496.16	
	A8-27	石油沥青改性卷材热贴满铺 一胶一毡	1.不上人屋面(坡屋面) 2.25mm 厚1:2.5 水泥砂浆,分格缝面积1m²	100m²	1.3952	4723.63	6590.4	
	A8-97	卷材防水 干铺塑料薄膜防潮层	3.满铺 0.3mm 厚聚乙烯薄膜一层	100m²	0.6976	154.24	107.6	
	A9-11	屋面保温 干铺聚乙烯板	4.二层 3mm 厚 SBS 改性沥青防水卷材 5.刷基层处理剂一遍	10m³	0.3488	4500.28	1569.7	
	B1-2	找平层 水泥砂浆 在填充材料上 20mm	6.20mm 厚1:2.5 水泥砂浆找平	100m²	0.6976	1944.36	1356.39	
	B1-6	整体面层 水泥砂浆 楼地面	7.50mm 厚挤塑聚苯乙烯泡沫塑料板	100m²	0.8371	2236.38	1872.07	
72	011001003001	保温隔热墙面		m²	1503.6619	127.63	191906.4	
	A9-4	外墙保温 保温砂浆保温系统 保温层 30mm厚玻化微珠	1.外墙1 2.15mm 厚2:1:8水泥石灰砂浆找平 3.2mm 厚聚合物防水层	100m²	15.03662	4054.87	60971.57	
	A8-102	涂膜防水 厚 2mm 聚氨酯 涂刷两遍	4.30mm 厚玻化微珠保温砂浆保温层 5.高分子乳液弹性底层涂料一遍	100m²	15.03662	5638.52	84784.28	
	B2-31	一般抹灰 墙面、墙裙抹混合砂浆 外砖墙	6.外墙涂料	100m²	15.03662	3069.21	46150.56	
		本页小计					203402.56	

注:1.本表工程量清单项目综合的消耗量标准与综合单价分析表(附 F 表2)综合的内容应相同;

　　2.此表用于竣工结算时无暂估价栏;

　　3.最后一页应按规定计取其他材料费。

附 F 表 1　F.1：分部分项工程和单价措施项目清单与计价表

工程名称：广联达办公大厦1#楼建筑工程　　　　标段：广联达办公大厦项目　　　　

序号	项目编码	项目名称	项目特征描述	计量单位	工程量	金额（元）		
						综合单价	合价	其中：暂估价
73	011001003002	保温隔热墙面	1.外墙1-混凝土外墙 2.15mm 厚2：1：8水泥石灰砂浆找平 3.2mm 厚聚合物防水层 4.30mm 厚玻化微珠保温砂浆保温层 5.高分子乳液弹性底层涂料一遍 6.外墙涂料	m²	465.672	130.43	60738.14	
	B2-33	一般抹灰 墙面、墙裙抹混合砂浆 混凝土外墙		100m²	4.65672	3349.72	15598.73	
	A8-102	涂膜防水 厚 2mm 聚氨酯 涂刷两遍		100m²	4.65672	5638.52	26257.01	
	A9-4	外墙保温 保温砂浆保温系统 保温层 30mm厚玻化微珠		100m²	4.65672	4054.87	18882.4	
74	011001003003	保温隔热墙面	1.地下室外墙 2.20mm 厚 1：2水泥砂浆找平 3.刷基层处理剂一遍 4.4mm 厚 SBS 改性沥青防水卷材 5.30mm 厚聚苯乙烯泡沫塑料板 6.500mm 厚三七灰土,分层夯实	m²	621.391	193.84	120447.41	
	A9-1	外墙保温 外墙聚苯板薄抹灰保温系统 30mm厚聚苯板保温层		100m²	6.21391	4693.52	29165.11	
	A2-1	垫层 灰土		10m³	27.8093	1819.97	50612.01	
	A8-27	石油沥青改性卷材热贴满铺 一胶一毡		100m²	6.21391	4723.63	29352.19	
	B1-1	找平层 水泥砂浆混凝土或硬基层上 20mm		100m²	6.21391	1821.41	11318.1	
75	011001003004	保温隔热墙面	保温隔热墙面 1.外墙1-飘窗侧板 2.15mm 厚2：1：8水泥石灰砂浆找平 3.2mm 厚聚合物防水层 4.30mm 厚玻化微珠保温砂浆保温层 5.高分子乳液弹性底层涂料一遍 6.外墙涂料	m²	3.36	130.43	438.25	
	B2-33	一般抹灰 墙面、墙裙抹混合砂浆 混凝土外墙		100m²	0.0336	3349.72	112.55	
	A8-102	涂膜防水 厚 2mm 聚氨酯 涂刷两遍		100m²	0.0336	5638.52	189.45	
	A9-4	外墙保温 保温砂浆保温系统 保温层 30mm厚玻化微珠		100m²	0.0336	4054.87	136.24	
		本页小计					181623.8	

注：1.本表工程量清单项目综合的消耗量标准与综合单价分析表（附F表2）综合的内容应相同；

　　2.此表用于竣工结算时无暂估价栏；

　　3.最后一页应按规定计取其他材料费。

附 F 表 1　F.1:分部分项工程和单价措施项目清单与计价表

工程名称:广联达办公大厦1#楼建筑工程　　　　标段:广联达办公大厦项目　　　第 17 页 共 21 页

序号	项目编码	项目名称	项目特征描述	计量单位	工程量	综合单价	合价	其中:暂估价
76	011701001001	综合脚手架	1. 建筑结构形式:框架、剪力墙 2. 檐口高度:16.05	m²	3668.802	39.18	143733.08	
	A12-11	综合脚手架 框架、剪力墙结构多高层建筑 檐口高 24m 以内		100m²	36.688	3917.71	143733.08	
77	011702001001	基础混凝土模板	1. 基础类型:筏板基础 2. 竹胶合板模板、钢支撑	m²	75.4	50.74	3825.96	
	A13-8	现浇混凝土模板 有梁式 满堂基础 竹胶合板模板 钢支撑		100m²	0.754	5074.22	3825.96	
78	011702001002	基础混凝土模板	1. 基础类型:集水坑 2. 竹胶合板模板、钢支撑	m²	31.703	50.74	1608.53	
	A13-8	现浇混凝土模板 有梁式 满堂基础 竹胶合板模板 钢支撑		100m²	0.317	5074.22	1608.53	
79	011702002001	矩形柱模板	1. 竹胶合板模板、钢支撑	m²	1012.0491	56.11	56788.61	
	A13-20	现浇混凝土模板 矩形柱 竹胶合板模板 钢支撑		100m²	10.12049	5565.2	56322.52	
	A13-22	现浇混凝土模板 柱支撑高度超过 3.6m 增加 3m 以内钢支撑		100m²	0.3939	1183.28	466.1	
80	011702003001	构造柱模板	1. 竹胶合板模板、钢支撑	m²	586.457	55.72	32679.9	
	A13-20	现浇混凝土模板 矩形柱 竹胶合板模板 钢支撑		100m²	5.8646	5565.2	32637.65	
	A13-22	现浇混凝土模板 柱支撑高度超过 3.6m 增加 3m 以内钢支撑		100m²	0.0357	1183.28	42.24	
			本页小计				238636.08	

注:1. 本表工程量清单项目综合的消耗量标准与综合单价分析表(附 F 表 2)综合的内容应相同;
　2. 此表用于竣工结算时无暂估价栏;
　3. 最后一页应按规定计取其他材料费。

附 F 表 1　F.1：分部分项工程和单价措施项目清单与计价表

工程名称：广联达办公大厦1#楼建筑工程　　　　标段：广联达办公大厦项目　　　　

序号	项目编码	项目名称	项目特征描述	计量单位	工程量	金额(元)		
						综合单价	合价	其中：暂估价
81	011702004001	异形柱模板		m²	95.897	76.65	7350.88	
	A13-21	现浇混凝土模板 异形柱 竹胶合板模板 钢支撑	1. 柱截面形状:圆形 2. 竹胶合板模板、钢支撑	100m²	0.95897	7617.89	7305.33	
	A13-22	现浇混凝土模板 柱支撑高度超过3.6m增加3m以内钢支撑		100m²	0.0385	1183.28	45.56	
82	011702005001	基础梁模板		m²	345.032	50.29	17351.44	
	A13-23	现浇混凝土模板 基础梁 竹胶合板模板 钢支撑	1. 竹胶合板模板、钢支撑	100m²	3.4503	5028.97	17351.44	
83	011702008001	圈梁模板		m²	227.268	55.2	12546.02	
	A13-28	现浇混凝土模板 圈梁 直形 竹胶合板模 木支撑	1. 竹胶合板模、木支撑	100m²	2.1233	5147.91	10930.57	
	A13-29	现浇混凝土模板 圈梁 弧形 木模板 木支撑		100m²	0.1494	10812.98	1615.46	
84	011702009001	过梁模板	1. 预制过梁 2. 竹胶合板模板、木支撑	m³	3.472	311.14	1080.29	
	A13-77	预制混凝土模板 过梁 木模板		10m³	0.3471	3112.32	1080.29	
85	011702011001	直形墙模板		m²	3295.9242	40.94	134927.76	
	A13-31	现浇混凝土模板 直形墙 竹胶合板模板 钢支撑	1. 竹胶合板模板、钢支撑	m²	32.95924	4014.96	132330.06	
	A13-35	现浇混凝土模板 墙支撑高度超过3.6m增加3m以内钢支撑		100m²	3.6988	702.31	2597.7	
			本页小计				173256.39	

注：1. 本表工程量清单项目综合的消耗量标准与综合单价分析表(附 F 表 2)综合的内容应相同；

　　2. 此表用于竣工结算时无暂估价栏；

　　3. 最后一页应按规定计取其他材料费。

附 F 表 1　F.1:分部分项工程和单价措施项目清单与计价表

工程名称:广联达办公大厦 1#楼建筑工程　　　标段:广联达办公大厦项目　　　第 19 页 共 21 页

序号	项目编码	项目名称	项目特征描述	计量单位	工程量	金额(元)		
						综合单价	合价	其中:暂估价
86	011702011002	直形墙模板		m²	711.1594	50.64	36014.66	
	A13-32	现浇混凝土模板 电梯井壁 竹胶合板模板 钢支撑	1. 电梯井壁 2. 竹胶合板模板、钢支撑	100m²	7.11159	4956.44	35248.16	
	A13-35	现浇混凝土模板 墙支撑高度超过 3.6m 增加 3m 以内钢支撑		100m²	1.0914	702.31	766.5	
87	011702014001	有梁板模板		m²	3691.872	85.15	314378.51	
	A13-36	现浇混凝土模板 有梁板 竹胶合板模板 钢支撑	1. 现浇板模板 2. 竹胶合板模板、钢支撑	100m²	36.9187	6095.02	225020.36	
	A13-41	现浇混凝土模板 板支撑高度超过 3.6m 增加 3m 以内钢支撑		100m²	36.0705	2477.32	89358.15	
88	011702014002	有梁板模板		m²	2163.568	71.47	154628.86	
	A13-30	现浇混凝土模板 梁支撑高度超过 3.6m 增加 3m 以内钢支撑	1. 现浇混凝土梁模板 2. 竹胶合板模板、钢支撑	100m²	10.1823	2235.13	22758.75	
	A13-36	现浇混凝土模板 有梁板 竹胶合板模板 钢支撑		100m²	21.6357	6095.02	131870.11	
89	011702014003	有梁板模板		m²	70.025	179.97	12602.6	
	A13-30	现浇混凝土模板 梁支撑高度超过 3.6m 增加 3m 以内钢支撑	1. 弧形梁 2. 竹胶合板模板、钢支撑	100m²	0.2987	2235.13	667.63	
	A13-36	现浇混凝土模板 有梁板 竹胶合板模板 钢支撑		100m²	0.7003	6095.02	4268.35	
	A13-59	现浇混凝土模板 现浇圆弧形梁板模板增加费		100m²	0.6644	11539.16	7666.62	
		本页小计					517624.63	

注:1. 本表工程量清单项目综合的消耗量标准与综合单价分析表(附 F 表 2)综合的内容应相同;

　　2. 此表用于竣工结算时无暂估价栏;

　　3. 最后一页应按规定计取其他材料费。

附F表1　F.1：分部分项工程和单价措施项目清单与计价表

工程名称:广联达办公大厦1#楼建筑工程　　　　标段:广联达办公大厦项目　　　　第20页　共21页

序号	项目编码	项目名称	项目特征描述	计量单位	工程量	综合单价	合价	其中:暂估价
						金额(元)		
90	011702016001	平板模板		m²	29.508	78.27	2309.5	
	A13-38	现浇混凝土模板 平板 竹胶合板模板 钢支撑	1. 竹胶合板模板、钢支撑	100m²	0.2951	5348.86	1578.45	
	A13-41	现浇混凝土模板 板支撑高度超过3.6m 增加3m以内钢支撑		100m²	0.2951	2477.32	731.06	
91	011702023001	雨篷、悬挑板、阳台板模板		m²	22.375	143.2	3204	
	A13-45	现浇混凝土模板 悬挑板(阳台、雨篷)圆弧形 木模板木支撑	1. 木模板木支撑	10m²投影面积	2.2375	1431.96	3204	
92	011702024001	楼梯模板		m²	115.418	172.24	19879.78	
	A13-42	现浇混凝土模板 楼梯 直形 木模板木支撑	1. 木模板木支撑	10m²投影面积	11.5418	1722.42	19879.78	
93	011702025001	其他现浇构件模板		m²	65.741	34.71	2281.55	
	A13-54	现浇混凝土模板 压顶 木模板木支撑	1. 构件类型:压顶	100m²	0.6574	3470.57	2281.55	
94	011702026002	电缆沟、地沟模板		m²	0.12	8539.15	1024.7	
	A13-50	现浇混凝土模板 暖气沟电缆沟 木模板木支撑		100m²	0.1616	6340.96	1024.7	
		本页小计					28699.53	

注:1.本表工程量清单项目综合的消耗量标准与综合单价分析表(附F表2)综合的内容应相同;

　　2.此表用于竣工结算时无暂估价栏;

　　3.最后一页应按规定计取其他材料费。

附 F 表 1 F.1:分部分项工程和单价措施项目清单与计价表

工程名称:广联达办公大厦 1#楼建筑工程　　　　　标段:广联达办公大厦项目　　　　第 21 页 共 21 页

序号	项目编码	项目名称	项目特征描述	计量单位	工程量	金额(元)		
						综合单价	合价	其中:暂估价
95	011702027002	台阶		m²	23.255	42.35	984.87	
	A13-46	现浇混凝土模板 台阶 木模板木支撑		10m²投影面积	2.3255	423.51	984.87	
96	011702030001	后浇带模板	1.后浇带部位:基础底板 2.双层钢丝网、钢筋支撑	m²	104.999	236.58	24840.88	
	A13-36	现浇混凝土模板 有梁板 竹胶合板模板 钢支撑		100m²	4.0756	6095.02	24840.88	
		本页小计					25825.75	
		合　计					5396256.22	212703.61

注:1. 本表工程量清单项目综合的消耗量标准与综合单价分析表(附 F 表 2)综合的内容应相同;

　　2. 此表用于竣工结算时无暂估价栏;

　　3. 最后一页应按规定计取其他材料费。

附 F 表 2 F.2：综合单价分析表（局部）

工程名称：广联达办公大厦 1#楼建筑工程　　标段：广联达办公大厦项目

第 2 页 共 页

项目编码	01010102001	项目名称	挖一般土方	计量单位	m³	工程量	4743.6	综合单价	23.34	合价（元）	23.34

消耗量标准编号	项目名称	单位	数量	单价（基价表）合计	人工费	材料费	机械费	单价（市场价）合计	人工费	材料费	机械费	管理费	利润	合价人工费	材料费	机械费	管理费 23.34%	利润 25.12%	综合单价	合价（元）
A1-2 换	人工挖土方 深度 2m 以内 坚土 机械土（石）方工程量 10% 执行人工挖土（石）子目	100m³	5.82	3906.63	3906.63	0	0	4576.34	4576.34	0	0			4546.35		0			4893.07	36060.44
A1-35	挖掘机挖土，自卸汽车运土 运距 1km 以内 坚土	1000m³	5.24	13868.19	420	52.56	13395.63	12335.96	492	52.56	11791.4			4844.12	52.56				5212.92	74640.73

人工单价：综合人工（建筑）82 元/工日

累计（元）：91204.71　29196.83　275.17　61732.7　9390.47　10105.99　110701.17

材料费明细表（注：本栏单价为市场单价）	主要材料名称、规格、型号	单位	数量	单价（元）	合价（元）	暂估单价（元）	暂估合价（元）
	水	m³	62.8248	4.38	275.17		
	其他材料费（本项目）	元		—	275.17	—	0
	材料费合计	元		—	0	—	0
	人材机合计	元		—	91204.7	—	0

注：招标文件提供了暂估单价的材料，按暂估的单价填入表内"暂估单价"栏及"暂估合价"栏。

附 F 表 4 F.4:总价措施项目清单计费表

工程名称:广联达办公大厦 1#楼建筑工程　　　　标段:广联达办公大厦项目　　　　第 1 页 共 1 页

序号	项目编码	项目名称	计算基础	费率(%)	金额(元)	备注
1	01B001	提前竣工(赶工)费	分部分项人工费＋分部分项机械费＋技术措施项目人工费＋技术措施项目机械费	0		
2	01B002	工程定位复测费				
3	011707002001	夜间施工增加费				
4	011707001001	安全文明施工费	取费人工费＋取费机械费＋技术措施人工取费价＋技术措施机械取费价	12.99	159139.8	
5	011707005001	冬雨季施工增加费				
		合　计			159139.8	

编制人(造价人员):　　　　　　　　　　　　　　　复核人(造价工程师):

注:按施工方案计算的措施费,若无"计算基础"和"费率"的数值,也可只填"金额"数值,但应在备注栏说明施工方案出处或计算方法。

附 G 表 1 G.1:其他项目清单与计价汇总表

工程名称:广联达办公大厦1#楼建筑工程　　　　标段:广联达办公大厦项目　　　　第 1 页 共 1 页

序号	项目名称	金额(元)	结算金额(元)	备注
1	暂列金额	800000		明细详见附 G 表 2
2	暂估价			
2.1	材料(工程设备)暂估价	212703.61		明细详见附 G 表 3
2.2	专业工程暂估价			明细详见附 G 表 4
3	计日工	6285		明细详见附 G 表 5
4	总承包服务费			明细详见附 G 表 6
5	索赔与现场签证			明细详见附 G 表 7
	2.2,3,4,5 项合计	6285		—

注:1.暂列金额单列计入工程控制价或投标报价汇总表中税后;

　　2.材料(工程设备)暂估单价进入清单项目综合单价,此处不汇总。

附 G 表 2　G.2：暂列金额明细表

工程名称:广联达办公大厦 1#楼建筑工程　　　标段:广联达办公大厦项目　　　第 1 页 共 1 页

序号	子目名称	计量单位	暂列金额(元)	备注
1	暂估工程价	元	800000	
合　计			800000	—

注:此表由招标人填写,不包括计日工。暂列金额项目部分如不能详列明细,也可只列暂列金额项目总金额,投标人应将
　　上述暂列金额计入投标总价中。

附 G 表 3 G.3:材料(工程设备)暂估单价及调整表

工程名称:广联达办公大厦1#楼建筑工程　　　　标段:广联达办公大厦项目　　　　第 1 页 共 1 页

序号	材料(工程设备)名称、规格、型号	计量单位	数量		暂估(元)		确认(元)		差额±(元)		备注
			暂估	确认	单价	合价	单价	合价	单价	合价	
1	钢质防火门(成品)	m²	33.6		686	23049.6					
2	塑钢中空玻璃窗(成品不含玻璃)	m²	729.439		260	189654.01					
	合　计					212703.61					

注:此表由招标人填写"暂估单价",并在备注栏说明暂估价的材料、工程设备拟用在那些清单项目上,投标人应将上述材料、工程设备暂估单价计入工程量清单综合单价报价中。

附 G 表 5   G.5：计日工表

工程名称：广联达办公大厦1#楼建筑工程　　　　标段：广联达办公大厦项目　　　　第1页 共1页

编号	项目名称	单位	暂定数量	实际数量	综合单价(元)	合价(元) 暂定	合价(元) 实际
一	人工						
1	木工	工日	10		95	950	
2	瓦工	工日	10		95	950	
3	钢筋工	工日	10		95	950	
人工小计						2850	
二	材料						
1	砂子(中粗)	m³	5		67	335	
2	水泥	m³	5		460	2300	
材料小计						2635	
三	施工机械						
1	载重汽车	台班	1		800	800	
施工机械小计						800	
四、企业管理费和利润							
总　计						6285	

注：此表项目名称、暂定数量由招标人填写，编制招标控制价时，单价由招标人按有关计价规定确定；投标时，单价由投标人自主报价，按暂定数量计算合价计入投标总价中。结算时，按发承包双方确认的实际数量计算合价。

附 H 表 1 H.1:规费项目计价表

工程名称:广联达办公大厦1#楼建筑工程　　　　标段:广联达办公大厦项目　　　　第 1 页 共 1 页

序号	项目名称	计算基础	计算费率(%)	金额(元)
1	工程排污费	分部分项工程费＋措施项目费＋其他项目费－协商项目 B－协商项目 C	0.4	22248.92
2	职工教育经费	分部分项人工费＋技术措施项目人工费＋计日工人工费	1.5	20766.64
3	工会经费	分部分项人工费＋技术措施项目人工费＋计日工人工费	2	27688.86
4	其他规费	分部分项人工费＋技术措施项目人工费＋计日工人工费	16.7	231201.96
5	养老保险费（劳保基金）	分部分项工程费＋措施项目费＋其他项目费－协商项目 B－协商项目 C	3.5	194678.03
6	安全生产责任险	分部分项工程费＋措施项目费＋其他项目费－协商项目 B－协商项目 C	0.21	11680.68

编制人(造价人员):　　　　　　　　　　　　　　　　复核人(造价工程师):

注:其他规费包括失业保险费、医疗保险费、工伤保险费、生育保险费、住房公积金 5 项。

附 E 表 3　E.3：单位工程招标控制价汇总表

工程名称:广联达办公大厦1#楼装饰工程　　　　标段:广联达办公大厦项目　　　　第 1 页 共 1 页

序号	汇总内容	计费基础说明	费率(%)	金额(元)	其中: 暂估价(元)
1	分部分项工程费	1.1+1.2+1.3+1.4+1.5+1.6		1690360.37	814069.74595
1.1	人工费			398134.43	
1.2	材料费			1118627.74	814069.74595
1.3	其中:安装工程设备费				
1.4	机械费			15294.41	
1.5	其他材料费	1.2×其他材料费率		33558.83	
1.6	企业管理费		23.34	60081.45	
1.7	利润		25.12	64663.50	
2	措施项目费	2.1+2.2		33438.65	
2.1	能计量的部分	2.1.1+2.1.2+2.1.3+2.1.4+2.1.5+2.1.6			
2.1.1	人工费				
2.1.2	材料费				
2.1.3	其他材料费	2.1.2×其他材料费率			
2.1.4	机械费				
2.1.5	企业管理费		23.34		
2.1.6	利润		25.12		
2.2	总价措施项目费			33438.65	
2.2.1	其中:安全文明施工费		12.99	33438.65	
3	其他项目费			1414069.75	600000
4	规费			209389.56	
4.1	其中:养老保险费	1+2+3	3.5	109825.41	
5	税金	1+2+3+4	3.477	116384.17	
6	暂列金额				
	招标控制价合计	合计:1+2+3+4+5+6		3463642.50	814069.74595

附 F 表 1 F.1:分部分项工程和单价措施项目清单与计价表

工程名称:广联达办公大厦1#楼装饰工程　　　　标段:广联达办公大厦项目　　　　第 1 页 共 13 页

序号	项目编码	项目名称	项目特征描述	计量单位	工程量	金额(元)		
						综合单价	合价	其中:暂估价
1	011101001001	水泥砂浆楼地面	1.管道井楼地面 2.找平层厚度、砂浆配合比:1:3水泥砂浆	m²	35.68	18.64	665.1	
	B1-1	找平层 水泥砂浆 混凝土或硬基层上 20mm		100m²	0.3692	1801.47	665.1	
2	011101001002	水泥砂浆楼地面	1.雨篷 2.面层厚度、砂浆配合比:20mm厚1:2.5水泥砂浆掺入水泥用量3%的硅质密实剂(分两次抹灰)	m²	4.34	22.06	95.73	
	B1-6	整体面层 水泥砂浆 楼地面		100m²	0.0434	2205.8	95.73	
3	011101001003	水泥砂浆楼地面	1.地面2-防水砂浆地面(11ZJ001 地103) 2.找平层厚度、砂浆配合比:80mm厚C15混凝土垫层 3.面层厚度、砂浆配合比:20mm厚掺外加剂水泥防水砂浆抹面,表面压光	m²	342.7	57.19	19600.48	
	A2-14	垫层 混凝土		10m³	2.7416	4542.02	12452.41	
	A8-115	涂膜防水 防水砂浆 平面		100m²	3.7058	1928.89	7148.07	
4	011101001004	水泥砂浆楼地面	飘窗顶板顶部、底板底部	m²	0.83	22.06	18.31	
	B1-6	整体面层 水泥砂浆 楼地面		100m²	0.0083	2205.8	18.31	
			本页小计				20379.62	

注:1.本表工程量清单项目综合的消耗量标准与综合单价分析表(附 F 表2)综合的内容应相同;

　　2.此表用于竣工结算时无暂估价栏;

　　3.最后一页应按规定计取其他材料费。

附 F 表 1　F.1:分部分项工程和单价措施项目清单与计价表

工程名称:广联达办公大厦1#楼装饰工程　　　　标段:广联达办公大厦项目　　　第2页 共13页

序号	项目编码	项目名称	项目特征描述	计量单位	工程量	金额(元)		
						综合单价	合价	其中:暂估价
5	011101003001	细石混凝土楼地面	1.地面1-细石混凝土防潮地面(11ZJ001地105) 2.找平层厚度、砂浆配合比:80mm厚C15混凝土垫层 3.面层厚度、混凝土强度等级:40mm厚C20细石混凝土,随打随抹光	m²	487.51	129.71	63233.78	
	A2-14	垫层 混凝土		10m³	3.9001	4542.02	17714.35	
	B1-4	找平层 细石混凝土 30mm		100m²	4.8751	2194.26	10697.23	
	B1-5	找平层 细石混凝土每增减1mm 人工×10,材料×10,机械×10,设备×10,主材×10,单价×10		100m²	4.8751	7142.87	34822.21	
6	011102001001	石材楼地面	1.楼面3-大理石楼面(11ZJ001 楼205) 2.20mm 厚大理石板铺平拍实,水泥浆擦缝 3.30mm 厚1:4干硬性水泥砂浆 4.素水泥浆结合层一遍	m²	2342.62	273.66	641079.77	525683.93
	B1-16	石材块料面层 大理石楼地面 周长3200mm以内 单色		100m²	23.4262	27365.93	641079.77	525683.93
7	011102001002	石材楼地面	1.飘窗底板,楼面3-大理石楼面(11ZJ001 楼205) 2.20mm 厚大理石板铺平拍实,水泥浆擦缝 3.30mm 厚1:4干硬性水泥砂浆 4.素水泥浆结合层一遍	m²	5.81	273.66	1589.96	1303.76
	B1-16	石材块料面层 大理石楼地面 周长3200mm 以内 单色		100m²	0.0581	27365.93	1589.96	1303.76
			本页小计				705903.51	526987.69

注:1.本表工程量清单项目综合的消耗量标准与综合单价分析表(附F表2)综合的内容应相同;

　　2.此表用于竣工结算时无暂估价栏;

　　3.最后一页应按规定计取其他材料费。

附 F 表 1　F.1:分部分项工程和单价措施项目清单与计价表

工程名称:广联达办公大厦1#楼装饰工程　　　标段:广联达办公大厦项目　　　第 3 页 共 13 页

序号	项目编码	项目名称	项目特征描述	计量单位	工程量	综合单价	合价	其中:暂估价
8	011102003001	块料楼地面	1. 楼面 2-陶瓷地砖卫防水楼面[11ZJ001 楼 202 陶瓷地砖楼面 F1(防水楼面)] 2. 300mm × 300mm 地砖铺实拍平,水泥浆擦缝或1:1水泥砂浆填缝 3.20mm 厚 1:4 干硬性水泥砂浆 4.1.2mm 厚合成高分子防水涂料,四周沿墙上翻 250mm 高 5.刷基层处理剂一遍 6.最薄处 15mm 厚1:2 水泥砂浆找坡	m²	196.31	154.54	30336.88	11066.98
	A8-132	涂膜防水 GBS 双组分合成高子防水涂料3 遍(一底二面)		100m²	2.4067	2633.7	6338.52	
	B1-1	找平层 水泥砂浆 混凝土或硬基层上 20mm		100m²	1.9631	1801.47	3536.46	
	B1-3	找平层 水泥砂浆每增减 1mm		100m²	1.9631	70.79	138.97	
	B1-57	陶瓷地面砖 楼地面每块面积在900cm²以内		100m²	1.9631	10352.47	20322.93	11066.98
9	011102003002	块料楼地面	1. 地面 3-陶瓷地砖地面(11ZJ001 地 202A) 2. 找平层厚度、砂浆配合比:80mm 厚 C15 混凝土垫层 3. 结合层厚度、砂浆配合比:素水泥浆结合层一遍 4. 面层材料品种、规格、颜色:600mm × 600mm 地砖铺实拍平,水泥浆擦缝	m²	19.07	169.85	3239.07	1641.93
	A2-14	垫层 混凝土		10m³	0.1534	4542.02	696.75	
	B1-60	陶瓷地面砖 楼地面每块面积在3600cm²以内		100m²	0.1907	13331.54	2542.33	1641.93
			本页小计				33575.95	12708.91

注:1.本表工程量清单项目综合的消耗量标准与综合单价分析表(附 F 表2)综合的内容应相同;

　　2.此表用于竣工结算时无暂估价栏;

　　3.最后一页应按规定计取其他材料费。

附 F 表 1　F.1:分部分项工程和单价措施项目清单与计价表

工程名称:广联达办公大厦 1#楼装饰工程　　　　标段:广联达办公大厦项目　　　第 4 页 共 13 页

序号	项目编码	项目名称	项目特征描述	计量单位	工程量	金额(元)		
						综合单价	合价	其中:暂估价
10	011102003003	块料楼地面	1.楼面 1-陶瓷地砖楼面(11ZJ001 楼 202 陶瓷地砖楼面)	m²	308.35	136.02	41942.93	26937.46
	B1-61	陶瓷地面砖 楼地面每块面积在6400cm²以内	2.800mm × 800mm 陶瓷地砖铺实拍平,水泥浆擦缝 3.20mm 厚 1:4干硬性水泥砂浆 4.素水泥浆结合层一遍	100m²	3.0835	13602.38	41942.93	26937.46
11	011102003004	块料楼地面	1.楼面 1-陶瓷地砖楼面(05ZJ001 楼 10)	m²	141.07	133.32	18806.81	12146.13
	B1-60	陶瓷地面砖 楼地面每块面积在3600cm²以内	2.600mm × 600mm 地砖铺实拍平,水泥浆擦缝 3.20mm 厚 1:4干硬性水泥砂浆 4.素水泥浆结合层一遍	100m²	1.4107	13331.54	18806.81	12146.13
12	011102003005	块料楼地面	1.地面 3-陶瓷地砖地面(11ZJ001 地 202A)	m²	28.49	171.74	4892.73	2488.89
	A2-14	垫层 混凝土	2.找平层厚度、砂浆配合比:80mm 厚 C15 混凝土垫层	10m³	0.224	4542.02	1017.41	
	B1-61	陶瓷地面砖 楼地面每块面积在6400cm²以内	3.结合层厚度、砂浆配合比:素水泥浆结合层一遍 4.面层材料品种、规格、颜色:800mm × 800mm 地砖铺实拍平,水泥浆擦缝	100m²	0.2849	13602.38	3875.32	2488.89
			本页小计				65642.47	41572.48

注:1.本表工程量清单项目综合的消耗量标准与综合单价分析表(附 F 表 2)综合的内容应相同;
　　2.此表用于竣工结算时无暂估价栏;
　　3.最后一页应按规定计取其他材料费。

附 F 表 1 F.1：分部分项工程和单价措施项目清单与计价表

工程名称：广联达办公大厦 1#楼装饰工程　　　　标段：广联达办公大厦项目　　　　第 5 页 共 13 页

序号	项目编码	项目名称	项目特征描述	计量单位	工程量	综合单价	合价	其中：暂估价
						金额(元)		
13	011102003006	块料楼地面	1.花岗石台阶平台(11ZJ001台7)	m²	146.33	198.53	29051.06	
	A2-14	垫层 混凝土 换为【现浇及现场混凝土 砾 40 C15 水泥 42.5】	2.20mm厚花岗石平台,水泥浆擦缝 3.30mm厚1:4干硬性水泥砂浆	10m³	0.878	4748.73	4169.39	
	A2-1	垫层 灰土	4.素泥浆结合层一遍 5.60mm厚C15混凝土台阶	10m³	4.3899	2130.18	9351.29	
	B1-23	石材块料面层 花岗岩楼地面 周长3200mm以内 单色	6.300mm厚三七灰土	100m²	1.4633	10613.26	15530.39	
14	011105001001	水泥砂浆踢脚线	1.踢脚1-水泥砂浆踢脚(参11ZJ001踢1水泥砂浆踢脚B) 2.踢脚线高度:100mm 3.底层厚度、砂浆配合比:15mm厚1:3水泥砂浆 4.面层厚度、砂浆配合比:10mm厚1:2水泥砂浆抹面压光	m²	56.11	52.08	2922.45	
	B1-10	整体面层 水泥砂浆 踢脚线		100m²	0.5611	5208.42	2922.45	
15	011105002001	石材踢脚线	1.踢脚3-大理石踢脚(高100mm,参11ZJ001踢6石质板材踢脚B) 2.刷素水泥浆一遍(内掺水重3%~5%白乳胶) 3.15mm厚2:1:8水泥石灰砂浆,分两次抹灰 4.5~6mm厚1:1水泥砂浆加水重20%的白乳胶镶贴 5.800mm×100mm深色大理石板,水泥浆擦缝	m²	124.65	296.18	36918.91	27971.46
	B1-30	石材块料面层 踢脚线 大理石 水泥砂浆		100m²	1.2465	29618.06	36918.91	27971.46
		本页小计					68892.42	27971.46

注:1.本表工程量清单项目综合的消耗量标准与综合单价分析表(附F表2)综合的内容应相同；

　　2.此表用于竣工结算时无暂估价栏；

　　3.最后一页应按规定计取其他材料费。

附 F 表 1　F.1:分部分项工程和单价措施项目清单与计价表

工程名称:广联达办公大厦 1#楼装饰工程　　　　标段:广联达办公大厦项目　　　第 6 页 共 13 页

序号	项目编码	项目名称	项目特征描述	计量单位	工程量	金额(元)		
						综合单价	合价	其中:暂估价
16	011105003001	块料踢脚线	1. 踢脚 2-面砖踢脚(高 100mm,11ZJ001 踢5,面砖踢脚 B)	m²	26.55	95.89	2545.78	947.87
	B1-63	陶瓷地面砖 踢脚线	2. 刷素水泥浆一遍(内掺水重 3% ~ 5%白乳胶) 3. 15mm 厚 2:1:8水泥石灰砂浆,分两次抹灰 4. 3 ~ 4mm 厚 1:1水泥砂浆加水重 20% 的白乳胶镶贴 5. 600mm × 100mm 深色面砖,水泥浆擦缝	100m²	0.26551	9588.28	2545.78	947.87
17	011105003002	块料踢脚线	1. 楼梯踢脚线 2. 踢脚 2-面砖踢脚(高 100mm,11ZJ001 踢5,面砖踢脚 B)	m²	17.79	104.04	1850.9	635.1
	B1-63	陶瓷地面砖 踢脚线 人工 × 1.15,机械 × 1.15	3. 刷素水泥浆一遍(内掺水重 3% ~ 5%白乳胶) 4. 15mm 厚 2:1:8水泥石灰砂浆,分两次抹灰 5. 3 ~ 4mm 厚 1:1水泥砂浆加水重 20% 的白乳胶镶贴; 6. 600mm × 100mm 深色面砖,水泥浆擦缝	100m²	0.1779	10404.19	1850.9	635.1
18	011106002001	块料楼梯面层	1. 成品防滑地砖 2. 楼梯踏步、防滑条(11ZJ40116/39)	m²	115.42	211.19	24375.96	14058.16
	B1-65	陶瓷地面砖 楼梯		100m²	1.1542	21119.36	24375.96	14058.16
			本页小计				28772.64	15641.13

注:1. 本表工程量清单项目综合的消耗量标准与综合单价分析表(附 F 表2)综合的内容应相同;

　　2. 此表用于竣工结算时无暂估价栏;

　　3. 最后一页应按规定计取其他材料费。

附 F 表 1　F.1：分部分项工程和单价措施项目清单与计价表

工程名称：广联达办公大厦1#楼装饰工程　　　　标段：广联达办公大厦项目　　　　第7页　共13页

序号	项目编码	项目名称	项目特征描述	计量单位	工程量	金额(元)		
						综合单价	合价	其中：暂估价
19	011107001001	石材台阶面	1. 花岗石台阶（11ZJ001 台7） 2. 20mm厚花岗石踏步及踢脚板，水泥浆擦缝 3. 30mm厚 1:4干硬性水泥砂浆 4. 素泥浆结合层一遍 5. 60mm厚 C15混凝土台阶 6. 300mm 厚三七灰土	m²	23.26	278.77	6484.12	
	B1-41	石材块料面层 台阶 花岗岩 水泥砂浆		100m²	0.2326	18158.75	4223.72	
	A5-97	现拌混凝土 台阶 换为【现浇及现场混凝土 砾40 C15 水泥42.5】		10m³	0.1395	5549.55	774.16	
	A2-1	垫层 灰土		10m³	0.6977	2130.18	1486.23	
20	011108001001	石材零星项目	1. 工程部位：二楼大厅处 2. 找平层厚度：C20细混凝土 100mm厚 3. 面层材料品种、规格、颜色：花岗岩	m²	5.79	283.88	1643.66	
	B1-47	石材块料面层 零星项目 花岗岩 水泥砂浆		100m²	0.0579	23845.91	1380.68	
	A2-14	垫层 混凝土		10m³	0.0579	4542.02	262.98	
21	011201001001	墙面一般抹灰	1. 内墙面1:混合砂浆墙面（11ZJ001 内墙102B） 2. 刷专用界面剂一遍 3. 15mm 厚 1:1:6水泥石灰砂浆,分两次抹灰 4. 5mm 厚1:0.5:3水泥石灰砂浆 5. 刷乳胶漆	m²	5328.11	35.03	186659.11	
	B2-30	一般抹灰 墙面、墙裙抹混合砂浆 内砖墙		100m²	56.24	2299.14	129303.79	
	B5-197	刷乳胶漆 抹灰面两遍		100m²	58.4896	980.61	57355.32	
			本页小计				194786.89	

注：1. 本表工程量清单项目综合的消耗量标准与综合单价分析表(附 F 表2)综合的内容应相同；

　　2. 此表用于竣工结算时无暂估价栏；

　　3. 最后一页应按规定计取其他材料费。

附F表1　F.1:分部分项工程和单价措施项目清单与计价表

工程名称:广联达办公大厦1#楼装饰工程　　　　标段:广联达办公大厦项目　　　　第8页 共13页

序号	项目编码	项目名称	项目特征描述	计量单位	工程量	金额(元)		
						综合单价	合价	其中:暂估价
22	011203001001	零星项目一般抹灰	1.基层类型、部位:阳台栏板外侧面	m²	2.52	95.96	241.83	
	B2-24	一般抹灰 水泥砂浆 零星项目	2.底层厚度、砂浆配合比:15mm厚2:1:8水泥石灰砂浆	100m²	0.0252	9185.87	231.48	
	B5-259	刷白水泥浆两遍 阳台、雨篷、窗间墙、隔板等小面积	3.面层厚度、砂浆配合比:5mm厚1:2.5水泥砂浆 4.装饰面材料种类:刷白水泥浆两遍	100m²	0.0252	410.37	10.34	
23	011203001002	零星项目一般抹灰	1.基层类型、部位:阳台栏板侧面	m²	1.18	91.86	108.39	
	B2-24	一般抹灰 水泥砂浆 零星项目	2.底层厚度、砂浆配合比:15mm厚2:1:8水泥石灰砂浆 3.面层厚度、砂浆配合比:5mm 厚1:2.5 水泥砂浆	100m²	0.0118	9185.87	108.39	
24	011203001003	零星项目一般抹灰	1.基层类型、部位:梯段侧面	m²	12.04	100.49	1209.93	
	B2-37	一般抹灰 抹混合砂浆 零星项目	2.内墙面1:混合砂浆墙面(11ZJ001内墙102B) 3.刷专用界面剂一遍 4.15mm 厚1:1:6水泥石灰砂浆,分两次抹灰	100m²	0.1204	9028.72	1087.06	
	B5-197	刷乳胶漆 抹灰面两遍	5.5mm 厚1:0.5:3水泥石灰砂浆 6.刷乳胶漆	100m²	0.1253	980.61	122.87	
			本页小计				1560.15	

注:1.本表工程量清单项目综合的消耗量标准与综合单价分析表(附F表2)综合的内容应相同;

　　2.此表用于竣工结算时无暂估价栏;

　　3.最后一页应按规定计取其他材料费。

附 F 表 1 F.1:分部分项工程和单价措施项目清单与计价表

工程名称:广联达办公大厦 1#楼装饰工程　　　　标段:广联达办公大厦项目　　　　第 9 页 共 13 页

序号	项目编码	项目名称	项目特征描述	计量单位	工程量	金额(元)		
						综合单价	合价	其中:暂估价
25	011204003001	块料墙面	1.内墙面2:釉面砖墙面(11ZJ001 内墙 201 釉面砖墙面 B) 2.刷素水泥浆一遍(内掺水重3%~5%白乳胶) 3.15mm 厚2:1:8水泥石灰砂浆,分两次抹灰 4.3~4mm 厚1:1水泥砂浆加水重20%的白乳胶镶贴 5.200mm×300mm 高级釉面砖,白水泥浆擦缝	m²	1480.7	124.32	184085.48	92395.93
	B2-173	面砖 水泥砂浆粘贴 周长在 1200mm 以内		100m²	14.80704	12432.29	184085.48	92395.93
26	011208001001	柱(梁)面装饰	1.面层材料品种:大理石 包圆柱	m²	115.21	613.18	70643.99	53526.57
	B2-100	大理石 包圆柱		100m²	1.1521	61317.58	70643.99	53526.57
27	011208001002	柱(梁)面装饰	1.面层材料品种:挂贴大理石	m²	185.53	356.28	66100.12	43265.6
	B2-66	挂贴大理石 混凝土柱面		100m²	1.8553	35627.72	66100.12	43265.6
28	011301001001	天棚抹灰	1.混合砂浆顶棚(11ZJ001 顶103) 2.5mm 厚1:1:4水泥石灰砂浆 3.5mm 厚1:0.5:4水泥石灰砂浆 4.刷乳胶漆	m²	115.42	33.24	3837.06	
	B3-5	混凝土天棚 一次抹灰 混合砂浆		100m²	1.3273	1910.27	2535.5	
	B5-197	刷乳胶漆 抹灰面两遍		100m²	1.3273	980.61	1301.56	
			本页小计				324666.65	189188.1

注:1.本表工程量清单项目综合的消耗量标准与综合单价分析表(附 F 表 2)综合的内容应相同;

　　2.此表用于竣工结算时无暂估价栏;

　　3.最后一页应按规定计取其他材料费。

附F表1 F.1:分部分项工程和单价措施项目清单与计价表

工程名称:广联达办公大厦1#楼装饰工程　　　　　标段:广联达办公大厦项目　　　　第10页 共13页

序号	项目编码	项目名称	项目特征描述	计量单位	工程量	金额(元)		
						综合单价	合价	其中:暂估价
29	011302001001	吊顶天棚	1.吊顶2:轻钢龙骨石膏装饰板吊顶(11ZJ001顶206)	m²	1217.69	70.33	85640.01	
	B3-43	装配式U形轻钢天棚龙骨(不上人型)面层规格600mm×600mm 平面	2.轻钢龙骨标准骨架:主龙骨中距1000mm,次龙骨中距600mm,横撑龙骨中距600mm	100m²	12.2263	4144.58	50672.88	
	B3-115	石膏板天棚面层安在U形轻钢龙骨上	3.600mm×600mm 12mm厚石膏装饰板,自攻螺钉拧牢,孔眼用腻子填平	100m²	12.2263	2859.99	34967.13	
30	011302002001	格栅吊顶	1.吊顶1:铝合金封闭式条形板吊顶(11ZJ001顶213)	m²	1616.03	31.87	51504.36	
	B3-89	铝合金条板天棚龙骨 轻型	2.配套金属龙骨(龙骨由生产厂家配套供应) 3.铝合金条形板,板宽为100mm	100m²	16.1855	3182.13	51504.36	
31	011401001001	木门油漆	1.门类型:木门	m²	134.55	30.95	4164.79	
	B5-1	底油一遍,刮腻子、调和漆两遍 单层木门	2.油漆品种、刷漆遍数:两遍	100m²	1.3455	3095.35	4164.79	
32	011407001001	墙面喷刷涂料	1.外墙1 2.15mm 厚2:1:8水泥石灰砂浆找平 3.2mm 厚聚合物防水层 4.30mm 厚玻化微珠保温砂浆保温层 5.高分子乳液弹性底层涂料一遍 6.外墙涂料	m²	1206.82	19.39	23396.46	
	B5-243	外墙多彩花纹涂料抹灰面		100m²	12.55093	1864.12	23396.46	
			本页小计				164705.62	

注:1.本表工程量清单项目综合的消耗量标准与综合单价分析表(附F表2)综合的内容应相同;

　　2.此表用于竣工结算时无暂估价栏;

　　3.最后一页应按规定计取其他材料费。

附 F 表 1 F.1:分部分项工程和单价措施项目清单与计价表

工程名称:广联达办公大厦 1#楼装饰工程 　　　　标段:广联达办公大厦项目 　　　　第 11 页 共 13 页

序号	项目编码	项目名称	项目特征描述	计量单位	工程量	金额(元)		
						综合单价	合价	其中:暂估价
33	011407001002	墙面喷刷涂料	1.外墙1-混凝土墙 2.15mm 厚 2:1:8 水泥石灰砂浆找平 3.2mm 厚聚合物防水层 4.30mm 厚玻化微珠保温砂浆保温层 5.高分子乳液弹性底层涂料一遍 6.外墙涂料	m²	461.82	19.39	8953.24	
	B5-243	外墙多彩花纹涂料 抹灰面		100m²	4.80293	1864.12	8953.24	
34	011407001004	墙面喷刷涂料	1.外墙1-飘窗顶、底板侧边及飘窗侧板 2.15mm 厚 2:1:8 水泥石灰砂浆找平 3.2mm 厚聚合物防水层 4.30mm 厚玻化微珠保温砂浆保温层 5.高分子乳液弹性底层涂料一遍 6.外墙涂料	m²	3.36	19.38	65.13	
	B5-243	外墙多彩花纹涂料 抹灰面		100m²	0.03494	1864.12	65.13	
35	011407001003	墙面喷刷涂料	1.地下室外墙面 2.15mm 厚 2:1:8 水泥石灰砂浆找平 3.2mm 厚聚合物防水层 4.30mm 厚玻化微珠保温砂浆保温层 5.高分子乳液弹性底层涂料一遍 6.外墙涂料	m²	26.63	19.39	516.27	
	B5-243	外墙多彩花纹涂料 抹灰面		100m²	0.27695	1864.12	516.27	
			本页小计				9534.64	

注:1. 本表工程量清单项目综合的消耗量标准与综合单价分析表(附 F 表2)综合的内容应相同;

　　2. 此表用于竣工结算时无暂估价栏;

　　3. 最后一页应按规定计取其他材料费。

附F表1　F.1：分部分项工程和单价措施项目清单与计价表

工程名称:广联达办公大厦1#楼装饰工程　　　　标段:广联达办公大厦项目　　　第12页 共13页

序号	项目编码	项目名称	项目特征描述	计量单位	工程量	金额(元)		
						综合单价	合价	其中:暂估价
36	011407002001	天棚喷刷涂料	1. 水泥砂浆顶棚(11ZJ001 顶104)	m²	254.02	35.58	9038.57	
	B3-3	混凝土天棚 水泥砂浆 现浇	2.7mm 厚1:3水泥砂浆	100m²	2.5402	2577.6	6547.63	
	B5-197	刷乳胶漆 抹灰面两遍	3.5mm 厚1:2水泥砂浆 4.刷乳胶漆	100m²	2.5402	980.61	2490.94	
37	011407002002	天棚喷刷涂料	1. 水泥砂浆顶棚(05ZJ001 顶4)	m²	4.95	35.58	176.13	
	B3-3	混凝土天棚 水泥砂浆 现浇	2.7mm 厚1:3水泥砂浆	100m²	0.0495	2577.6	127.59	
	B5-197	刷乳胶漆 抹灰面两遍	3.5mm 厚1:2水泥砂浆 4.刷乳胶漆	100m²	0.0495	980.61	48.54	
38	011407002004	天棚喷刷涂料	天棚喷刷涂料:飘窗顶板顶 1. 混合砂浆顶棚(11ZJ001 顶103)	m²	5.4	28.91	156.11	
	B3-5	混凝土天棚 一次抹灰 混合砂浆	2.5mm 厚1:1:4水泥石灰砂浆	100m²	0.054	1910.27	103.15	
	B5-197	刷乳胶漆 抹灰面两遍	3.5mm 厚1:0.5:4水泥石灰砂浆 4. 喷水性耐擦洗涂料	100m²	0.054	980.61	52.95	
39	011407002003	天棚喷刷涂料	1. 混合砂浆顶棚(11ZJ001 顶103)	m²	1073.66	28.91	31038.2	
	B3-5	混凝土天棚 一次抹灰 混合砂浆	2.5mm 厚1:1:4水泥石灰砂浆	100m²	10.7366	1910.27	20509.81	
	B5-197	刷乳胶漆 抹灰面两遍	3.5mm 厚1:0.5:4水泥石灰砂浆 4. 喷水性耐擦洗涂料	100m²	10.7366	980.61	10528.39	
			本页小计				40409.01	

注:1.本表工程量清单项目综合的消耗量标准与综合单价分析表(附F表2)综合的内容应相同;

　　2.此表用于竣工结算时无暂估价栏;

　　3.最后一页应按规定计取其他材料费。

附 F 表 1　F.1:分部分项工程和单价措施项目清单与计价表

工程名称:广联达办公大厦1#楼装饰工程　　　　标段:广联达办公大厦项目　　　　第 13 页 共 13 页

序号	项目编码	项目名称	项目特征描述	计量单位	工程量	综合单价	合价	其中:暂估价
						金额(元)		
40	011503001001	金属扶手、栏杆、栏板	1.楼梯栏杆 2.11ZJ401 不锈钢栏杆二	m	71.37	367.42	26222.84	
	B1-152	不锈钢管栏杆 直线型 其他 换为【不锈钢管】φ50		100m	0.7137	28994.11	20693.09	
	B1-180	不锈钢扶手 直形 φ60		100m	0.7137	4426.21	3158.98	
	B1-200	扶手、弯头 不锈钢 φ60		10 个	1.6	1481.72	2370.76	
41	011503001002	金属扶手、栏杆、栏板	1.二楼大厅处 2.扶手材料种类、规格:不锈钢管 3.栏杆材料种类、规格:不锈钢管	m	19.3	275.02	5307.95	
	B1-152	不锈钢管栏杆 直线型 其他		100m	0.193	23076.14	4453.69	
	B1-180	不锈钢扶手 直形 φ60		100m	0.193	4426.21	854.26	
			本页小计				31530.79	
			合　计				1690360.37	814069.75

注:1.本表工程量清单项目综合的消耗量标准与综合单价分析表(附 F 表 2)综合的内容应相同;

　2.此表用于竣工结算时无暂估价栏;

　3.最后一页应按规定计取其他材料费。

附F表2　F.2:综合单价分析表

第 1 页　共　　页

工程名称:广联达办公大厦1#楼装饰工程　　　　标段:广联达办公大厦项目

项目编码	项目名称	计量单位	工程量	综合单价	合价(元)
01110101001	水泥砂浆楼地面	m²	18.64	35.68	665.1

综合单价组成明细

消耗量标准编号	项目名称	单位	数量	单价(基准表) 人工费	材料费	机械费	合计	单价(市场价) 合计	人工费	材料费	机械费	管理费	利润	综合单价	合价(元)
A借B1-1	找平层 水泥砂浆 混凝土或硬基层上 20mm	100m²	0.37	540.4	785.77	31.34	1357.51	1541.15	756.56	766.03	40.87	23.34%→42.32	25.12%→45.55	42.32 / 45.55	665.1 / 665.1

人工单价:综合人工(装饰)98元/工日

合价(元):人工费 279.32　材料费 282.82　机械费 15.09

累计(元)

材料费明细

主要材料名称、规格、型号	单位	数量	单价(元)	合价(元)	暂估单价(元)	暂估合价(元)
水	m³	0.2215	4.38	0.97		
水泥107胶浆1:0.175:0.2	m³	0.0369	819.2	30.23		
水泥砂浆1:3	m³	0.7458	326.32	243.37		
其他材料费(本项目)	元		—	8.24	—	0
材料费合计	元		—	282.82	—	0
人材机合计	元		—	577.23	—	0

本栏单价为市场单价

注:招标文件提供了暂估单价的材料,按暂估的单价填入表内"暂估单价"栏及"暂估合价"栏。

附 F 表 4　F.4:总价措施项目清单计费表

工程名称:广联达办公大厦1#楼装饰工程　　　标段:广联达办公大厦项目　　　第1页 共1页

序号	项目编码	项目名称	计算基础	费率(%)	金额(元)	备注
1	01B003	提前竣工(赶工)费	分部分项人工费＋分部分项机械费＋技术措施项目人工费＋技术措施项目机械费	0		
2	01B004	工程定位复测费				
3	011707002002	夜间施工增加费				
4	011707001002	安全文明施工费	取费人工费＋取费机械费＋技术措施人工取费价＋技术措施机械取费价	12.99	33438.65	
5	011707005002	冬雨季施工增加费				
	合　计				33438.65	

编制人(造价人员):　　　　　　　　　　　　　　　　复核人(造价工程师):

注:按施工方案计算的措施费,若无"计算基础"和"费率"的数值,也可只填"金额"数值,但应在备注栏说明施工方案出处或计算方法。

附 G 表 1　G.1:其他项目清单与计价汇总表

工程名称:广联达办公大厦1#楼装饰工程　　　　标段:广联达办公大厦项目　　　　第 1 页 共 1 页

序号	项目名称	金额(元)	结算金额(元)	备注
1	暂列金额			明细详见附 G 表 2
2	暂估价	600000		
2.1	材料(工程设备)暂估价	—		明细详见附 G 表 3
2.2	专业工程暂估价	600000		明细详见附 G 表 4
3	计日工			明细详见附 G 表 5
4	总承包服务费			明细详见附 G 表 6
5	索赔与现场签证			明细详见附 G 表 7
	2.2,3,4,5 项合计	600000		—

注:1. 暂列金额单列计入工程控制价或投标报价汇总表中税后;

　　2. 材料(工程设备)暂估单价进入清单项目综合单价,此处不汇总。

附G表2 G.2:暂列金额明细表

工程名称:广联达办公大厦1#楼装饰工程　　　　标段:广联达办公大厦项目　　　　第1页 共1页

序号	子目名称	计量单位	暂列金额(元)	备注
1	不可预见费	元		
2	检验试验费	元		0.5% ~ 1%
	合　计			

注:此表由招标人填写,如不能详列,也可只列暂列金额总额,投标人应将上述暂列金额计入投标总价中。其中,检验试
　　验费可依据本办法附录 M.4.11 条规定计列。

附 G 表 3　G.3:材料(工程设备)暂估单价及调整表

工程名称:广联达办公大厦 1#楼装饰工程　　　　标段:广联达办公大厦项目　　　第 1 页 共 1 页

序号	材料(工程设备)名称、规格、型号	计量单位	数量		暂估(元)		确认(元)		差额 ±(元)		备注
			暂估	确认	单价	合价	单价	合价	单价	合价	
1	陶瓷地面砖 300mm × 300mm	m²	201.218		55	11066.98					
2	陶瓷地面砖 600mm × 600mm	m²	164.144		84	13788.06					
3	陶瓷地面砖 800mm × 800mm	m²	350.314		84	29426.34					
4	陶瓷砖(楼梯)	m²	167.359		84	14058.16					
5	陶瓷砖(踢脚线)	m²	45.228		17.78	804.15					
6	全瓷墙面砖 300mm × 300mm	m²	1539.932		60	92395.93					
7	大理石板 600mm × 600mm(综合)	m²	2395.399		220	526987.69					
8	大理石板(踢脚线)	m²	127.143		220	27971.46					
9	大理石板(综合)	m²	196.662		220	43265.6					
10	大理石板弧形(成品)	m²	116.362		460	53526.57					
合　计						813290.94					

注:此表由招标人填写"暂估单价",并在备注栏说明暂估价的材料、工程设备拟用在那些清单项目上,投标人应将上述材料、工程设备暂估单价计入工程量清单综合单价报价中。

附 G 表 4 G.4:专业工程暂估价及结算价表

工程名称:广联达办公大厦 1#楼装饰工程　　　　标段:广联达办公大厦项目　　　　第 1 页 共 1 页

序号	工程名称	工程内容	暂估金额(元)	结算金额(元)	差额 ±(元)	备注
1	幕墙工程	玻璃幕墙工程 (含预埋件)	600000			
	合　计		600000			

注:此表"暂估金额"由招标人填写,投标人应将"暂估金额"计入投标总价中。结算时按合同约定结算金额填写。

附 G 表 5 G.5:计日工表

工程名称:广联达办公大厦1#楼装饰工程　　　　标段:广联达办公大厦项目　　　　第1页 共1页

编号	项目名称	单位	暂定数量	实际数量	综合单价(元)	合价(元)	
						暂定	实际
一	人工						
1							
	人工小计						
二	材料						
1							
	材料小计						
三	施工机械						
1							
	施工机械小计						
四、企业管理费和利润							
	总　计						

注:此表"项目名称""暂定数量"由招标人填写,编制招标控制价时,单价由招标人按有关计价规定确定;投标时,单价由投标人自主报价,按暂定数量计算合价计入投标总价中。结算时,按发承包双方确认的实际数量计算合价。

附H表1 H.1:规费项目计价表

工程名称:广联达办公大厦1#楼装饰工程　　　　标段:广联达办公大厦项目　　　　第1页 共1页

序号	项目名称	计算基础	计算费率(%)	金额(元)
1	工程排污费	分部分项工程费＋措施项目费＋其他项目费－协商项目B－协商项目C	0.4	12551.48
2	职工教育经费	分部分项人工费＋技术措施项目人工费＋计日工人工费	1.5	5972.02
3	工会经费	分部分项人工费＋技术措施项目人工费＋计日工人工费	2	7962.69
4	其他规费	分部分项人工费＋技术措施项目人工费＋计日工人工费	16.7	66488.45
5	养老保险费（劳保基金）	分部分项工程费＋措施项目费＋其他项目费－协商项目B－协商项目C	3.5	109825.41
6	安全生产责任险	分部分项工程费＋措施项目费＋其他项目费－协商项目B－协商项目C	0.21	6589.52

编制人(造价人员):　　　　　　　　　　　　　　　　复核人(造价工程师):

注:其他规费包括失业保险费、医疗保险费、工伤保险费、生育保险费、住房公积金5项。